개정판

✻ 일본요리의 기초이론과 조리용어 수록

기본 일본요리

이정기 저

B A S I C
JAPANESE
CUISINE

 (주)백산출판사

　세계 각 민족의 식생활은 지리적·문화적·사회적 환경에 따라 형성되어 생활수준에 맞도록 발전되고 인간의 건강 증진과 더불어 맛을 향유하는 형태로 변화되고 있습니다. 또한 각 문화의 독특한 음식은 그 문화의 사회구조와 종교 그리고 미각을 표현합니다.

　고유의 특색을 지닌 음식의 맛과 다양한 조리방법을 통하여 그 나라의 수준을 알 수 있듯이 음식은 생활문화의 척도라고 할 수 있습니다. 인간은 생존하기 위해 필요한 각종 영양소를 섭취함으로써 건강을 유지하고, 식생활의 만족을 위하여 식품이 지닌 특성에 따라 다양한 조리기술로 식재료를 조리, 가공하여 음식물의 가치를 높여 요리의 맛과 멋, 즐거움을 더불어 누리게 됩니다.

　일본음식은 세계적으로도 건강식으로 인정받고 있으며 국내에서도 외식할 때 가장 선호하는 음식 중 하나입니다. 따라서 그 나라의 고유한 음식들이 지닌 특별한 전통성과 음식문화에 관한 특징 및 맛의 효과를 한층 높이기 위한 체계적이고 합리적인 조리법의 계승 발달을 위한 음식의 연구가 필요하다고 생각합니다.

　이 책은 모두 3장과 부록으로 구성하였습니다. 제1장에서는 일본요리의 개요, 일본요리의 특성, 역사, 분류, 일본조리도의 특징을 실어 일본요리 전반에 대해 알 수 있도록 하였습니다. 일본요리의 기본이 되는 일식 조리도 다루기와 기본 썰기, 일식 조리도구의 종류 및 용도, 일식 기본소스, 어패류 손질하는 방법에 대하여 설명하였습니다.

제2장은 일식 국가기술자격검정시험에 대비한 최신 실기문제를 사진과 함께 자세하게 설명하여 자격검정 시험을 위한 준비서로 이용할 수 있게 하였습니다.

제3장은 복어 자격검정에 대비한 NCS 학습모듈의 복어조리 실무를 수록하여 복어 부위별 명칭, 복어 독의 제거, 복어 회 조리법 등을 알기 쉽게 설명하였습니다.

마지막으로 부록에는 일본요리의 과일류와 채소류, 어패류와 갑각류의 식재료 용어를 한국어와 일본어 발음으로 알기 쉽게 설명하였습니다.

이 책은 일본요리를 처음 접하는 입문자에게 일본요리에 대한 이해의 폭을 넓히고, 일본요리와 좀 더 가까워질 수 있기를 바라는 마음으로 저술하였습니다.

좋은 책을 만들려는 열정과 의욕을 가지고 집필하였으나 다소 미흡한 자료는 추후 수정과 보완을 하겠습니다.

끝으로 오늘의 제가 있기까지 요리 인생의 스승인 안효주 선생님, 안안열 선생님 그리고 저를 아껴주시는 모든 분께 감사드립니다. 또 개정판이 나오기까지 애써주신 백산출판사 가족 여러분과 항상 힘을 북돋워준 아내와 이룩, 이랑에게도 이 자리를 빌려 고마운 마음을 전합니다.

이 정 기

제1장

일본요리 이론

제2장

일본요리 실기

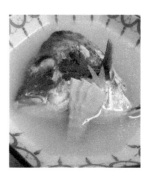

제3장

복어조리 실무

Japanese Cuisine

제1장
일본요리 이론

1 일본요리의 개요

일본은 태평양에 위치한 동아시아의 섬나라로서 4개의 큰 섬과 7,000여 개의 작은 섬으로 구성된 사면이 바다인 나라이다. 한국과 같이 바다로 둘러싸인 지리적 여건에 의해 해산물이 풍부하며, 사계절의 변화가 뚜렷하여 다양한 농작물을 얻을 수 있지만 음식의 맛과 먹는 방법, 그리고 식기 등 여러 면에서 한국요리의 특징과 많은 차이점을 보이고 있다. 또한, 우리나라와 달리 숟가락과 젓가락을 함께 사용하는 식문화가 아닌 젓가락 사용에 대한 예절과 방법을 강조한 음식문화를 보이고 있다.

일본의 음식으로는 사시미(회)와 스시(초밥)가 대표적으로 알려져 있고 동서양의 요리에 비해 적은 향신료의 사용으로 식품의 고유한 맛을 최대한으로 살리는 음식들이 발달하였다. 또한 소재의 맛과 멋을 살린 섬세한 감각으로 그릇과의 조화를 이루며 아름답게 담아낸 '보면서 즐기는 요리' '눈으로 먹는 요리'로 자리매김하고 있다. 그리고 사계절의 재료 속 풍미와 색상, 형태 등을 살린 국물요리, 회요리, 조림요리, 구이요리, 튀김요리, 초회요리 등의 다양한 농수산물을 활용한 요리가 발달되었다.

일본요리에는 전통적인 조리법과 여러 나라와의 문화교류를 통해 들여온 다양한 조리법인 본선요리(本膳料理, 혼젠요리), 회석요리(會席料理, 가이세키요리), 다회석요리(茶會席料理, 차가이세키요리), 정진요리(精進料理, 쇼진요리), 보차요리(普茶料理, 후차요리), 탁복요리(卓袱料理, 싯보쿠요리), 정월요리(御節料理, 오세치요리) 등이 있다.

이처럼 일본요리는 불교문화의 전파를 통한 식문화의 발전과 외국의 조리법을 개방적으로 받아들여 음식문화의 변화와 발전을 거듭하고 이것을 자신들의 것으로 재창조하여 지금은 외국인들에게 일본요리로서 인정받고 있으며, 또한 현재 웰빙음식으로 인식되면서 급속하게 전파되어 국제적인 외식문화로 세계인의 입맛을 사로잡고 있다.

2 일본요리의 특성

1) 일본요리의 기본적인 오법

일본요리는 오색(五色), 오미(五味), 오법(五法) 등을 기본으로 조리하여 만든다.

① 오색(五色) : 검은색, 노란색, 빨간색, 청색, 흰색

② 오미(五味) : 단맛, 신맛, 쓴맛, 매운맛, 짠맛

③ 오법(五法) : 구이, 날것, 조림, 찜, 튀김

2) 일본요리의 특징

① 계절에 한발 앞선 재료를 사용하고, 재료 자체의 고유한 맛과 멋을 최대한 살릴 수 있는 조리법을 선택한다.

② 그릇에 요리를 담을 때 섬세하며 그릇에 가득 차지 않도록 공간이 넉넉하게 담아준다.

③ 요리가 홀수가 되도록 담고 4점이 되지 않도록 주의한다.

④ 재료 색상의 조화와 계절감을 감안하여 기물을 선택한다.

⑤ 그릇의 그림이 정면으로 보이도록 요리를 담고, 구분하기 어려운 그릇은 뒷면에 새겨진 인장으로 구분한다.

⑥ 그릇의 바깥쪽에서 자기 앞쪽으로 향하도록 담고 오른쪽에서 왼쪽으로 담아 젓가락으로 집어 먹기 쉽도록 배려하여 요리를 담는다.

⑦ 생선은 머리가 왼쪽으로 향하고, 배 부위가 자기 앞쪽으로 오도록 담고 담수어인 경우에는 머리가 왼쪽, 배 부위는 위쪽으로 향하도록 담아준다.

3) 일본요리의 조미료 사용 순서

일본요리의 맛을 내주는 기본적인 조미료들을 '사(さ), 시(し), 스(す), 세(せ), 소(そ)'인 설탕(砂糖 : さとう), 소금(塩 : しお), 식초(酢 : す), 간장(醬油 : せうゆ), 된장(味噌 : みそ)으로 글자의 앞자를 따서 양념 넣는 순서를 정리해 놓았다.

① 생선류의 맛을 들일 때 청주, 설탕, 소금, 식초, 간장의 순서로 간을 한다.

② 채소류는 설탕, 소금, 간장, 식초, 된장의 순서로 간을 한다.

3 일본요리의 역사

1) 선사시대(BC 35000~AD 250)

① 구석기시대(BC 35000~BC 14000)

주로 생식으로 생활했던 시대로 특별한 조리기술이 발달되지 않았다.

② 조몬시대(BC 14000~BC 300)

나무열매, 물고기, 새, 짐승, 해조류 등의 유물을 통해 수렵생활과 고기잡이 등을 하는 자연물을 식용한 잡식성 생활을 하였다. 불을 활용한 조리와 먹잇감을 햇빛에 말려 보관하는 행위가 이뤄졌다.

③ 야요이시대(BC 300~AD 250)

본격적인 농경사회로서 벼농사가 시작되었고 주로 현미의 형태로 죽을 만들어 먹었다. 주식과 부식이 분리되었으며 다양한 재료들을 가열하는 방법도 이용했고 음식을 보존하는 방법이 등장하여 발효식품과 술, 엿 등도 만들었다.

2) 고대(AD 250~AD 1185)

① 야마토시대(250~710)

한반도에서 일본으로 많은 이주민들이 들어와 살기 시작한 시대이다. 불교문화와 식문화가 아스카 지방을 중심으로 발달하였고 식물의 가공이 시작되어 간장과 히시오(된장 비슷한 조미료) 등이 가공되었다.

② 나라시대(710~794)

불교문화의 활성화와 귀족계급이 등장하여 잦은 분쟁이 일어났고, 가난과 과중한 세금에 의해 토지를 버리고 도망가는 경우가 생겼다. 음식에 향신료와 조미료를 첨가하여 사용하였고, 유제품과 식초 등도 등장하였다.

③ 헤이안시대(794~1185)

당나라, 신라와의 교류가 왕성하여 다양한 식문화와 조리법이 행해졌고 연중행사와 형식 등이 잘 갖춰진 일본요리의 기초가 정리된 식생활의 형성기라고 할 수 있다. 발효식품인 술과 식초를 만드는 기술이 발전하였고, 담는 그릇도 한층 고급스럽고 다양해졌다.

3) 중세(1192~1600)

① 가마쿠라시대(1192~1336)

일본요리가 발달되기 시작한 시기로 무인들이 집권한 시대였으며 불교의 영향을 받아 정진요리가 사원을 중심으로 발달하여 전파되었다. 또한 두부가 수입되었고 차(茶)는 송나라에서 들여와 재배하였으며 1일 3식의 풍습이 시작된 계기가 되었고 전시음식이 발달되었다.

② 무로마치시대(1336~1573)

정식 연회요리의 형식인 본선요리와 가이세키요리가 이때 등장하였고 농업과 어업의 발달로 인해 오늘날 볼 수 있는 다양한 식품들이 이 시기에 갖추어졌다.

③ 아즈치 모모야마시대(1573~1603)

차가이세키요리가 확립되었고 다도(茶道)가 완성된 시대이다. 외국의 다양한 식재료와 조리법이 유입되었고 남반(동남아시아)의 무역도 활발하게 진행되었다. 이때 유입된 조리법으로 남방요리(가금류, 생선류, 육류 등을 튀겨 파와 함께 조린 요리)를 들 수 있다.

4) 근세(1600~1868)

① 에도시대(1603~1868)

서민들도 이용할 수 있는 외식문화가 조성되어 이의 발전으로 일본음식문화가 다양하게 발달된 시기이다. 정진요리인 보차요리가 중국에서 전해지고 이에 나가사키현의 대표적인 탁복요리가 독자적으로 만들어졌다. 본선요리와 차가이세키요리의 형식과 더불어 회석요리가 완성되었다. 후기에는 담는 그릇과 요리의 내용들도 한층 세련되어졌다.

5) 근대(1868~1945)

① 메이지시대(1868~1912)

상인들의 주도적인 세력의 확장으로 인해 근대적인 산업국가로 도약하는 시대이다. 금기시한 식품이 사라지고 서양요리의 식재료와 조리법이 확산된 일본요리와 서양요리의 혼돈시대이다. 유제품과 빵, 커피가 증가되고, 즉석식품이 유행하기 시작하였다.

6) 현대(1945~현재)

동서양의 조리법과 식재료들이 수입되어 다양한 요리가 성행하게 되었다.

4 일본요리의 분류

1) 지역적 분류

(1) 관동요리(關東料理)

관동요리는 도쿄[東京]를 중심으로 발달한 요리로써 에도요리[江戸料理]라고도 한다. 무인(武人)의 집안 및 사회적 지위가 높은 사람들에게 제공하기 위해 의례요리(儀禮料理)로 발달하였고, 요리는 간을 진하게 하고 달고 짠 것으로 국물이 적고 농후한 맛이 특징이다. 이는 그 당시 귀한 설탕을 많이 사용했던 고급요리임을 알 수 있다. 대표적인 요리는 민물장어, 메밀국수, 생선초밥, 튀김 등이 있다. 현재는 교통수단의 발달로 식재료의 유통이 원활하게 이루어짐으로써 뚜렷한 지역적 특색은 찾아볼 수 없다.

(2) 관서요리(關西料理)

관서요리는 오사카(大阪)와 교토(京都)를 중심으로 발달한 요리로서 이 말은 최근에 사용하기 시작했으며 그 이전에는 가미가타요리(上方料理)라고도 했다. 바다와 근접한 오사카에서는 생선, 조개류 등을 활용한 요리가 발달하였고, 이와 반대로 바다와 멀리 떨어진 교토에서는 대구포, 말린 청어 등의 건어물과 양질의 두부, 채소 등의 농산물 등을 활용한 요리가 발달하였다. 도쿄를 중심으로 발달한 요리인 관동요리와는 반대로 관서요리의 간은 엷고 부드러우며, 설탕을 최대한 적게 사용하여 재료 본연의 맛을 살린 담백하고 국물의 양이 많은 요리이다. 또한, 재료의 외형과 색상을 유지하여 모양이 아름다운 특징을 갖추고 있다. 관서요리는 현재 거의가 형식을 간소하게 갖춘 약식(略式)인 회석요리(會席料理)가 중심을 이루고 있다.

2) 형식적 분류

(1) 다회석요리(茶會席料理)

차가이세키요리는 무로마치시대(室町時代 : 1336~1573)의 중기에 차를 마시며 즐기는 풍조가 유행하며 다석(茶席)에 제공하는 요리로 공복감을 겨우 면할 정도의 차와 같이 대접하는 식사라 할 수 있다. 사계절의 계절감을 중요시하여 한발 앞선 재료를 사용하며, 재료 자체의 고유한 맛과 멋을 최대한 살린 요리이다. 또한, 음식을 화려하고 섬세하게 만들어 성의가 듬뿍 들어가도록 요리를 만들어 손님에게 대접한다.

(2) 본선요리(本膳料理)

에도시대(江戸時代 : 1603~1868)에 이르러 형식이 갖추어진 요리로서 메뉴의 기본은 일즙삼채(一汁三菜), 이즙오채(二汁五菜), 삼즙칠채(三汁七菜) 등으로 구성되어 있다. 주로 관례나 혼례, 상례 등의 예를 갖춘 의식요리(儀式料理)에 사용되었고 손님을 접대하기 위해 사용되었던 정식 일본요리이다. 또한, 혼젠요리는 예절과 방법을 중요하게 여겨 상을 내는 방법과 먹는 방법에 형식을 갖춘 요리이기도 하다.

(3) 회석요리(會席料理)

식사와 술을 함께 즐기는 일본의 대표적인 주연요리(酒宴料理)이며 예절과 형식을 중요시한 본선요리(本膳料理)를 개선하여 편안함과 즐거움을 주는 새로운 요리로 만들었다. 이는 에도시대(江戸時代)부터 이용되어왔고 현재 우리나라에서는 아주 고급스러운 요리로 형식이 갖춰졌다.

회석요리(가이세키요리)의 메뉴 구성은 다음과 같은 순서로 제공된다.

① 작은 안주(先付, 사키스케)

연회가 시작되기 전에 제공되는 소량의 일품요리이며 메뉴(곤다테)의 최초 요리이다.

▲ 작은 안주

② 전채(前菜, 젠사이)

젠사이는 본래 식전에 먹는 술의 안주이다. 그릇과 요리의 색상, 형태, 배치, 배합 등에 비중을 주어 먹는 사람의 눈을 즐겁게 해주는 맛과 멋의 요소가 함축되어 있다.

▲ 전채

③ 맑은국(吸物, 스이모노)

맑은국의 기본 구성요소는 주재료(椀種 : 완다네), 부재료(椀妻, 완쓰마), 향이 나는 재료(吸口, 스이쿠치)로 이뤄지며, 일본요리 중에서 계절감을 느끼게 하는 요리이다. 주재료는 가금류나 어패류, 채소류 등의 다양한 식재료를 사용하고 부재료는 주재료의 색상과 맛의 조화 등을 고려하여 버섯류, 채소류 등을 사용한다.

▲ 맑은국

④ 생선회(お造り, 오쓰쿠리)

사시미, 나마모노, 쓰쿠리, 쓰쿠리미라고도 한다. 생선회는 자르는 방법에 의
해 맛이 달라진다고 하는데 히라즈쿠리, 우스즈쿠리, 이토즈쿠리 등의 방법이 있
다. 대부분 식재료는 생선류나 패류 등이 사용되나 가금류, 육류, 곤약 등의 재료
로도 다양하게 사용할 수 있다.

▲ 생선회

⑤ 구이요리(燒物, 야키모노)

구이요리는 원시적인 옛날부터 현재까지 중요한 위치를 차지하는 조리방법이
다. 재료의 구운 정도가 잘 표현되어 식욕을 자극할 수 있어야 한다. 또한, 재료
의 손질과 자르는 방법, 꼬치하는 법 등이 중요한 요소로 작용한다. 구이요리의

종류에는 소금구이(塩燒, 시오야키), 된장구이(味噌漬燒, 미소즈케야키), 양념간장구이(照燒, 데리야키), 유안구이(幽庵燒, 유안야키), 황금구이(黃身燒, 기미야키) 등이 있다.

▲ 구이요리

⑥ 조림요리(煮物, 니모노)

조림요리는 재료가 가지고 있는 특유의 맛과 색상을 잘 살려야 하는 요리이다. 식재료 종류의 특성에 맞도록 다양한 조리법을 활용하여 사용할 수 있어야 한다. 그릇에 담아낼 때도 재료와의 조화, 색상 등을 고려해야 하고 촉감, 향기의 강약 등도 조절되어야 한다.

▲ 조림요리

⑦ 튀김요리(揚物, 아게모노)

튀김요리의 종류에는 재료 자체만을 그대로 튀겨 재료의 형태와 색감을 살린 그냥튀김(素揚げ, 스아게), 재료에 밑간을 하여 표면에 밀가루나 전분 등을 묻혀 튀기는 양념튀김(唐揚げ, 가라아게), 밀가루로 튀김옷을 만들어 재료에 묻혀 튀기는 달걀물반죽튀김(衣揚げ, 고로모아게), 주재료에 밀가루나 달걀물을 묻히고 부재료를 덧붙여 튀기는 변화튀김(変わりげ, 가와리아게) 등이 있다. 튀김은 기름의 양과 온도 조절, 차가운 튀김옷 등의 조건을 갖춘 상태에서 튀겨야 한층 바삭하게 튀겨진다.

▲ 튀김요리

⑧ 초회요리(酢の物, 스노모노)

계절감을 살린 식재료를 사용하여 상큼한 맛과 식욕을 돋게 해주어 다음 코스 요리의 연결을 부드럽게 해주는 역할을 한다. 모든 재료로 사용이 가능하나 주로 어패류나 채소류 등이 사용된다.

▲ 초회요리

⑨ 마지막 국물요리(止椀, 도메완)

마지막으로 제공되는 국물요리를 말하며 주로 된장국이 많이 제공된다. 지역의 기후와 풍토에 따라 된장의 종류가 달리 사용되었고 현재 가장 많이 사용하는 종류로는 백된장(白味噌, 시로미소), 중된장(中味噌, 나카미소), 적된장(赤味噌, 아카미소) 등이 있다.

▲ 마지막 국물요리

⑩ 식사(食事, 쇼쿠지)

전체적인 메뉴를 감안하여 음식의 양과 질을 조절해야 한다. 식사의 종류로는 면류, 죽류, 초밥류 등이 있으며, 흰밥 종류가 제공될 때는 국물이나 일본 김치를 곁들이기도 한다.

▲ 식사

⑪ **과일(果物, 구다모노)**

가이세키요리의 마지막 기본코스로 계절에 맞는 과일을 제공한다.

▲ 과일

(4) 정진요리(精進料理)

정진요리는 불교식 음식으로서 가마쿠라시대 도원선사에 의해 요리예법의 형식으로 정립되었다. 본선요리의 형식으로부터 식단이 발달되었으며, 이 요리는 교토(京都)를 중심으로 전해졌다. 불교승의 독특한 요리인 정진요리는 검소한 음식으로서 수조육의 동물성 식품을 배제하였을 뿐만 아니라 자극성 향이 풍기는 마늘, 부추, 파 등의 채소류도 금지하였다. 주로 대두류, 채소류, 버섯류 등의 식물성 재료만을 사용하여 국물이나 무침류, 튀김류 등의 식단으로 만들어진 요리로 구성되었다.

(5) 보차요리(普茶料理)

중국에서 귀화한 은원선사가 교토(京都) 우지(宇治)에 위치한 황벽산 만복사를 건립(1661)하여 이 사원에서 퍼지기 시작한 요리가 중국식 정진요리인 보차요리이다. 보편적으로 일본요리는 개인별로 상차림을 하였지만 보차요리는 중국풍 원형탁자에 사인일탁(四人一卓)으로 앉아 탁자 중간에 한 그릇에 담은 요리를 올려놓고 덜어 먹는 형식이다. 살생(殺生)을 하지 않는 불교의 특성상 영양 면을 고려하여 두부, 깨, 채소류 등을 많이 사용하여 식단을 구성하였다.

(6) 탁복요리(卓袱料理)

　무로마치시대(室町時代) 말기에 나가사키(長崎)항이 개항하게 되면서 외국과의 교류가 활발해져 기존의 복잡한 일본요리 형식을 개선하여 새로운 형식으로 만든 것이다. 또한, 일본과 외국의 식재료나 조리방법을 서로 혼합하여 일본인들이 선호하는 요리로 만든 것이다. 나가사키의 대표적인 요리로서 탁복(卓袱)의 탁(卓)은 식탁을 의미하고, 복(袱)은 식탁을 덮는다는 의미를 갖는다. 즉 여러 손님들이 식탁을 중심으로 앉아 큰 그릇에 담은 요리를 나누어 먹는 것을 말한다.

(7) 정월요리(御節料理)

　정월(御節, 오세치)요리는 새해 아침에 뜻깊은 한 해가 될 수 있도록 기원하기 위한 음식이기에 정성스럽게 만든다. 다양한 색상의 조화를 중요시하며 화려하고 아름답게 만들어서 담아야 한다. 그리고 오세치요리에 담긴 모든 음식에는 함축된 의미가 내포되어 있다. 검은콩조림은 머리카락이 항상 검게 나오도록 건강을 기원하고, 청어알절임은 많은 알들이 붙어 있으므로 자손번영을 기원하는 의미가 담겨 있다. 이 밖에도 멸치는 풍작, 고구마조림은 복, 다시마말이는 문화, 등이 굽은 새우는 장수(長壽) 등을 의미한다.

▲ 정월요리

1) 조리도의 품질

재료와 제조공정에 따라 크게 차이가 난다.

⑴ 本燒(혼야키)

칼 전체가 강철로 만들어진 최고급품이지만 가격이 고가이다. 혼야키를 만드는 방법은 일본도를 만드는 방법과 동일하며 수작업으로 만들어진다.

⑵ 地付き(지쓰키)

무쇠와 강철을 붙여서 만들기 때문에 혼야키보다 만드는 공정이 간단하다. 혼야키는 몇 년이 지나도 변하지 않으나 지쓰키는 뒤쪽이 닳거나 형태가 변한다.

2) 조리도의 종류

조리도는 용도에 따라 종류가 매우 다양하고 일본에서 사용하는 조리도만 해도 약 40~50종류가 있다.

⑴ 柳刃庖丁(야나기보조)

칼 길이가 25~30cm로 가늘고 긴 조리도이며 칼끝이 뾰족하다. 사시미를 자른다거나 스시 다네를 자를 때 사용한다. 칼의 무게가 있으며 재질이 좋은 것을 선택하면 좋다.

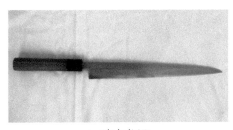

▲ 야나기보조

(2) 刺身疱丁(사시미보조)

　　다코비키라고도 불리며 야나기보조와 같이 25~30cm의 가늘고 긴 칼로써 칼 끝이 사각모양이다. 야나기와 같은 용도로 사용되며 주로 회를 자를 때 사용된다. 야나기보조와 다코비키같이 가늘고 긴 형태를 한 이유는 생선회를 자를 때 눌러 자르지 않고 한번에 끌어당기며 자르기 쉽게 만들어졌기 때문이다. 폭이 좁고 두께가 얇아서 생선살을 자를 때 생선살이 깨지지 않고 자른 면도 깨끗하게 잘린다.

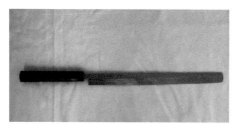

▲ 사시미보조

(3) 出引疱丁(데바보조)

　　데바보조는 칼등이 두껍고 넓은 칼로써 주로 생선을 손질할 때 사용된다. 중량감이 있어 단단한 생선 머리를 자르거나 뼈를 자를 때 적당하다. 생선의 크기에 따라 큰 데바보조(약 20cm)나 작은 데바보조(약 15cm)를 사용한다. 그리고 중간 크기인 中出引(주데바)가 있다. 이 3가지를 주로 사용하지만 이 밖에도 많은 종류가 있다.

▲ 데바보조

⑷ 薄刃疱丁(우스바보조)

18~20cm 정도의 길이가 주로 사용되고, 칼의 끝부분이 둥근 모양으로 된 것이 관서식이고 각이 진 모양이 관동식이다. 채소를 얇게 돌려깎기하는 방법인 가쓰라무키를 할 때 사용하면 좋다.

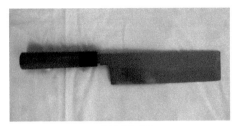

▲ 우스바보조

3) 숫돌의 종류

① 거친 숫돌[아라토이시(荒砥石 : あらといし)]

숫돌 입자가 200번 정도의 굵은 것으로 칼날이 손상되었을 때 원래의 상태로 만들기 위해 주로 사용하며 무뎌진 칼날을 빨리 갈기 위해 사용하기도 한다. 하지만 많은 양의 거친 숫돌을 사용하며 칼날이 심하게 마모되어 칼의 수명이 짧아진다. 칼날이 서 있어도 마무리 숫돌을 사용하여 긁힌 면을 최소화하며 관리해야 한다. 또한 중간 숫돌의 굴곡이 생긴 마모를 편평하게 잡아주거나 모서리의 깨짐을 방지하기 위해 사용하기도 한다.

② 중간 숫돌[나카토이시(中荒石 : なかといし)]

숫돌 입자 1000번을 많이 사용하며 일반인들이 보편적으로 칼을 갈 때 마무리 숫돌을 이용하지 않고 날이 서게 되면 바로 이용할 수 있는 숫돌이다. 전문가들은 이 숫돌로 갈아 날이 서 있게 되더라도 마무리 숫돌을 사용하여 좀 더 날카롭게 만들고 칼날을 고르게 광택을 내준다.

③ 마무리 숫돌[시아게토이시(仕上げ荒石 : しあげといし)]

숫돌 입자 3000번 이상의 아주 고운 숫돌로 긁힌 표면을 최소화하여 칼을 고르게 하고 광택이 나게 하며 녹이 잘 슬지 않게 한다. 또한, 고가의 칼들은 이 숫돌로만 갈아줌으로써 칼의 수명을 최대한 늘리기 위해 사용하기도 한다.

▲ 거친 숫돌　　　　　▲ 중간(#1000) 숫돌　　　　　▲ 마무리(#3000) 숫돌

4) 조리도 가는 방법 및 숫돌의 사용법

⑴ 조리도를 가는 올바른 방법

칼은 매일 갈아서 닦아주는 것이 필수이고 잘 들지 않을 때마다 갈아주어야 한다. 먼저 숫돌을 물에 담가 수분을 충분히 흡수시킨 후에 칼을 갈기 시작해야 한다. 칼을 갈 때에는 가능한 힘을 주지 않아야 하고 정확한 속도로 가볍게 갈아야 한다.

① 앞쪽 면 갈기

오른손으로 칼자루를 잡는데 이때 집게손가락은 칼의 등에 대고 엄지손가락은 칼의 뒤쪽 면에 올린 후 나머지 세 손가락으로 자루를 잡는다. 이때 왼손의 집게, 중지, 약지 손가락은 숫돌의 칼 위로 올려서 갈아준다. 그렇지 않고 왼손 세 손가락이 숫돌 밖에 벗어난 채로 갈게 되면 손이 베일 수도 있고 칼 또한 나빠지게 된다. 칼자루를 잡은 오른손과 누르는 왼손은 동시에 가볍게 힘을 주며 밀었다 당기면서 갈아준다. 칼을 갈아줄 때는 앞쪽의 각도에 맞추어 간다. 만약 각도가 잘 맞지 않으면 칼이 무뎌져서 칼이 나빠지므로 주의가 필요하다.

▲ 앞쪽 면 갈기

② 뒤쪽 면 갈아주기

칼을 반대 면으로 뒤집어 앞쪽 가는 방법과 동일하게 갈아주면 된다. 뒤쪽 면은 각도가 없기 때문에 완전히 숫돌에 칼을 눕혀서 간다. 앞쪽 면과 뒤쪽 면의 갈아주는 비율은 일반적으로 앞쪽 면을 7번 갈아주고 뒤쪽 면을 3번 정도로 생각하며 갈아주면 된다. 만약 뒤쪽 면을 너무 많이 갈아주면 칼의 수명이 짧아진다. 또는 앞쪽 면과 뒤쪽 면의 갈아주는 비율을 8번과 2번으로 갈아주는 것도 좋다.

▲ 뒤쪽 면 갈아주기

③ 마무리

칼을 갈아서 날이 잘 섰으면 마무리 숫돌을 이용해서 다시 한 번 앞과 뒷면을 갈아서 날을 세워준다. 칼날이 잘 섰는지 구분하는 방법은 도마에 살짝 밀어 확인하거나 불빛에 날을 비추어보는 방법이 있으나 경험이 쌓이면 손가락을 이용해서 살짝 만져보는 방법도 있다. 천이나 면포를 단단하게 말아서 줄로 촘촘히 묶은 것에 돌가루를 묻혀서 잘 갈아진 칼의 단면을 깨끗이 닦아 물로 씻어준 후 마른행주로 물기를 완벽히 닦아 보관한다.

▲ 마무리

(2) 숫돌의 바른 사용법

① 숫돌은 칼을 갈기 10분 전에 물에 담가 수분을 충분히 흡수시킨다.

② 칼을 숫돌에 갈 때 숫돌물이 나오는데 이것을 완전히 씻어내어 제거하면 안 된다. 이는 숫돌물이 칼과의 마찰에 의해 갈기 때문이다.

③ 항상 숫돌이 편편하게 되어 있지 않으면 숫돌이 파인 곳에 칼이 엇갈리게 되어 칼이 무뎌지고 물이 고여 좋지 않다.

④ 칼을 갈고 나면 거친 숫돌로 편편하게 될 수 있도록 갈아주어야 한다.

⑤ 숫돌의 상하좌우 면을 살짝 갈아주어야 숫돌이 깨지는 것을 방지할 수 있다.

6 일식 조리도 다루기

칼의 종류에 따라 칼끝의 형태와 칼등의 두께, 측면의 폭, 중앙의 칼날 등으로 각각 다양한 모양을 하고 있기 때문에 사용 목적에 따라 분류하여 편리하게 사용하면 된다. 또한 칼의 각 부분에 대한 사용방법을 알고 있으면 재료들의 다양한 모양을 만들고 요리를 완성하는 시간에도 큰 차이를 줄 수 있다.

1) 기본 자르기

① 와기리(輪切リ : わぎり) – 둥글게 썰기
당근, 무, 오이, 고구마 등 둥근 모양의 채소를 둥글게 썰 때 사용한다.

▲ 둥글게 썰기

② 항게쓰기리(半月切リ : はんげつぎリ) – 반달썰기

당근, 무 등 둥근 재료를 세로로 이등분한 반달모양으로 자르는 방법을 말한다. 국물요리나 조림요리 등에 사용한다.

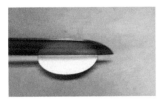  

▲ 반달썰기

③ 이초기리(銀杏切リ : いちょうぎリ) – 은행잎 썰기

당근, 무, 순무(蕪 : 가부) 등 둥근 것을 십자형의 적당한 두께로 썬 것이다. 맑은 국물의 부재료 또는 조림요리 등에 사용한다.

▲ 은행잎 썰기

④ 지가미기리(地紙切リ : ちがみぎリ) – 부채꼴 썰기

당근, 무 등을 은행잎 모양처럼 자르되 끝부분을 그림처럼 둥근 조각칼로 깎아내듯이 깎아내고 써는 방법으로 모양이 부채꼴이 된다.

▲ 부채꼴 썰기

⑤ 나나메기리(斜切リ : ななめぎリ) – 어슷하게 썰기

우엉, 대파 등을 적당한 두께로 옆으로 어슷하게 자르는 방법이다. 조림요리 등에 사용한다.

▲ 어슷하게 썰기

⑥ 효시기기리(拍子木切リ : ひょうしぎぎリ)－사각기둥모양 썰기

길이 4~5cm에 두께 1cm 전후의 사각 막대모양으로 써는 방법이다. 채소요리 등에 사용한다.

▲ 사각기둥모양 썰기

⑦ 사이노메기리(賽の目切リ : さいのめぎリ)－주사위모양 썰기

사방 1cm 크기의 주사위모양으로 써는 방법이다.

▲ 주사위모양 썰기

⑧ 아라레기리(霰切切リ : あられぎリ)－작은 주사위모양 썰기

사방 두께 5mm 정도의 작은 주사위꼴로 써는 것을 말한다.

▲ 작은 주사위모양 썰기

⑨ 미징기리(微塵切リ : みじんぎリ) - 곱게 다져 썰기
양파나 마늘, 생강 등을 곱게 다지는 것을 말한다.

▲ 곱게 다져 썰기

⑩ 고구치기리(小口切リ : こぐちぎリ) - 잘게 썰기
우엉이나 실파, 셀러리 등의 가늘고 긴 재료를 끝에서부터 잘게 써는 것을 말한다.

▲ 잘게 썰기

⑪ 셍기리(千切リ : せんぎリ) - 채썰기
당근, 무 등을 길이로 얇게 자른 다음 다시 이것을 채로 써는 방법으로, 길이는 5~6cm 정도로 한다. 용도 된장국 재료 등으로 다양하게 사용한다.

▲ 채썰기

⑫ 센롯퐁기리(千六本切リ : せんろっぽんぎリ) - 성냥개비 두께로 썰기
성냥개비 두께로 써는 방법이다.

▲ 성냥개비 두께로 썰기

⑬ 하리기리(針切リ : はりぎり) – 바늘 굵기 썰기

바늘 굵기로 써는 것을 말한다. 주로 생강이나 구운 김 등을 썰 때 사용한다.

▲ 바늘 굵기 썰기

⑭ 단자쿠기리(短冊切リ : たんざくぎり) – 얇은 사각 채썰기

당근, 무 등을 길이 4~5cm, 폭 1cm 정도로 얇게 써는 방법이다.

▲ 얇은 사각 채썰기

⑮ 이로가미기리(色紙切リ : いろがみぎり) – 색종이모양 썰기

당근, 무 등을 가로, 세로 2.5cm 정도의 정사각형으로 얇게 써는 방법이다.

▲ 색종이모양 썰기

⑯ 가쓰라무키기리(桂剝切リ:かつらむきぎり)-돌려깎아 썰기

당근, 무, 오이 등을 원기둥 모양으로 깎은 다음 이것을 돌려가면서 껍질을 얇게 벗겨내는 방법이다. 이것을 세로로 자른 것을 겡(けん)이라고 한다.

▲ 돌려깎아 썰기

⑰ 요리우도기리(縒独活切リ:よりうどぎり)-용수철모양 썰기

당근, 무, 오이 등을 돌려깎기하여 옆으로 비스듬히(나나메기리) 폭 7~8mm 정도로 잘라 젓가락 등을 이용해서 용수철 모양으로 만든 것이다. 생선회 등의 곁들임 재료(あしらい)로 사용한다.

▲ 용수철모양 썰기

⑱ 랑기리(乱切リ:らんぎり)-멋대로 썰기

당근, 우엉, 연근 등의 채소를 한 손으로 돌려가며 칼로 어슷하게 잘라 삼각모양이 나도록 써는 방법이다. 채소조림 등에 시용한다.

▲ 멋대로 썰기

⑲ **사사가키기리(笹挟切リ : ささがきぎリ) – 대나무잎 썰기**

우엉을 칼의 끝을 사용하여 연필 깎는 것처럼 돌려가면서 대나무잎처럼 깎는 방법을 말한다. 전골냄비(鋤燒 : すきやき) 등에 사용한다.

▲ 대나무잎 썰기

⑳ **구시가타기리(櫛型切リ : くしがたぎリ) – 빗모양 썰기**

양파를 2등분한 다음 가로로 자르는 방법. 보통 1cm 정도 두께로 써는 것을 말한다. 양파 등을 이등분한 다음, 재료를 얼레빗 등처럼 굽은 모양으로 써는 방법이다.

▲ 빗모양 썰기

㉑ **다마네기 미징기리(玉ねぎのみじんぎリ) – 양파 다져 썰기**

양파를 반으로 갈라서 뿌리 반대쪽에서 칼집을 세로, 가로로 넣어 잘게 다진 것이다.

▲ 양파 다져 썰기

2) 모양 자르기

① 멘토리기리(面取り切リ : めんとりぎリ) - 각 없애는 썰기

무, 감자 등을 자른 절단에 모서리를 깎아내는 방법이다. 멘토리기리는 재료의 모양뿐 아니라 깨지는 것을 방지하기 위함이다.

▲ 각 없애는 썰기

② 깃카기리(菊花切リ : きっかぎリ) - 국화꽃잎모양 썰기

무(大根だいこん) 등으로 재료를 두께 2cm로 정도 둥글게 잘라 밑부분만을 조금 남겨놓고 가로, 세로로 가늘게 자르는 방법이다. 이것을 뒤집어 가로, 세로 2㎝ 사각모양으로 자른 후 소금물에 절인 다음 씻어 물기를 빼서 단초(甘酢 : あまず)에 하루 이상 절여두고 사용할 때 건져서 펼치면 국화꽃잎모양이 된다.

▲ 국화꽃잎모양 썰기

③ 스에히로기리(螺子ひろ切リ : すえひろぎリ) - 부챗살모양 썰기

죽순의 끝부분을 남겨두고 윗부분을 잘라 부챗살모양으로 자르는 방법이다.

  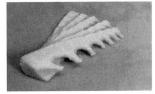

▲ 부챗살모양 썰기

④ 하나카타기리(花形切リ: はなかたぎり) – 꽃모양 썰기

당근을 두께 1cm 정도로 잘라 정오각기둥 모양으로 자른 다음 오각형 각 면의 중앙에 칼집을 넣어 꽃모양으로 깎는다.

▲ 꽃모양 썰기

⑤ 네지우메기리(捻梅切リ: ねじうめぎり) – 매화꽃모양 썰기

하나카타기리한 당근을 중앙을 향해 45도 각도로 칼집을 넣은 후 단면의 골이 패인 곳에 또다시 45도 각도로 비스듬히 깎아서 매화꽃모양을 만든다.

  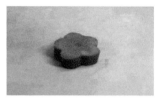

▲ 매화꽃모양 썰기

⑥ 마쓰바기리(松葉切リ: まつばぎり) – 솔잎모양 썰기

당근, 오이 등을 길이 4~5cm, 폭 4mm, 두께 2mm로 잘라서 이것을 한쪽 끝을 조금 남기고 폭을 2mm로 하여 한쪽을 잘라서 솔잎모양으로 만든 것이다.

▲ 솔잎모양 썰기

⑦ **오레마쓰바기리(折れ松葉切리 : おれまつばぎり) – 접힌 솔잎모양 썰기**

유자 껍질, 레몬 껍질이나 어묵 등을 길이 약 1cm, 폭 2~3cm로 썰어 솔잎모양으로 칼집을 넣어서 만든 것이다. 주로 달걀찜, 맑은 국물 등에 곁들임 재료로 사용한다.

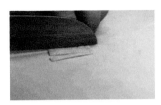  

▲ 접힌 솔잎모양 썰기

⑧ **지가이큐리기리(違い胡瓜切리 : ちがいきゅうりぎり) – 오이 원통뿔모양 썰기**

오이를 길이 5~6cm 정도로 자른 다음 양끝을 붙여두고 가운데에 칼끝으로 칼집을 넣은 다음 그림과 같이 중앙선 양쪽을 ×자 모양으로 잘라준다.

▲ 오이 원통뿔모양 썰기

⑨ **자바라큐리기리(蛇腹胡瓜切리 : じゃばらきゅうりぎり) – 오이 자바라모양 썰기**

오이를 비스듬히 절반 정도만 잘게 칼집을 넣고, 뒤집어서 반대쪽도 칼집을 잘게 넣어 소금물에 담가두고 펼치면 모양이 뱀과 닮았다고 해서 이렇게 부른다. 초회 등에 사용한다.

▲ 오이 자바라모양 썰기

⑩ 가쿠도큐리기리(角度胡瓜切リ : かくどきゅうりぎり) – 나사모양으로 오이 썰기

오이를 4면이 생기도록 껍질을 깎아내고, 가운데 씨부분을 제거한 뒤 적당한 두께로 그림과 같이 썬 것을 말한다.

▲ 나사모양으로 오이 썰기

⑪ 하나렝콩기리(花蓮根切リ : はなれんこんぎリ) – 꽃 연근 만드는 썰기

연근을 식초물에 삶은 후 자연 그대로의 모양을 살려 깎아 꽃모양을 만드는 방법이다.

▲ 꽃 연근 만드는 썰기

⑫ 야바네렝콩기리(矢羽蓮根切リ : やばねれんこんぎ리) – 화살의 날개모양 연근 썰기

연근이나 오이 등을 화살의 날개모양처럼 써는 방법이다. 연근의 한쪽은 1.5cm, 다른 한쪽은 2cm 정도로 비스듬하고 둥글게 잘라 중앙으로 밑의 일부를 남기도록 칼질해서 이것을 벌리면 예쁜 화살의 날개모양이 된다.

▲ 화살의 날개모양 연근 썰기

⑬ 자카고렝콩기리(蛇籠蓮根切リ : じゃかごれんこんぎリ) – 연근 돌려깎기

연근을 돌려깎기하는 식으로 손질하는 방법이다.

▲ 연근 돌려깎기

⑭ 자센나스기리(茶せん茄子切リ : ちゃせんなすぎリ) – 차센모양 가지 썰기

작은 가지를 보기 좋고 조리하기 편리하게 써는 방법이다. 가지를 칼질하여 잘랐을 때 모양이 차센(茶せん : 가루차를 끓일 때 저어서 거품이 일어나게 하는 도구)과 같아서 붙여진 이름이다.

▲ 차센모양 가지 썰기

⑮ 구다고보기리(管牛蒡切リ : くだごぼうぎ리) – 원통형 우엉 만드는 썰기

우엉을 길이 5~6cm로 썬 다음, 식초물에 삶아서 표면으로부터 2~3cm 정도의 두께로 둥글게 쇠꼬챙이로 돌려 심을 빼낸 후 용도에 맞게 썰어서 사용한다. 초절임우엉, 조림요리(煮物) 등에 이용한다.

▲ 원통형 우엉 만드는 썰기

⑯ 다즈나기리(手綱切リ : たづなぎり) – 말고삐 썰기

곤약 등을 두께 1cm 정도 썰어서 중앙에 칼집을 넣어 한쪽 끝을 뒤집는다. 냄비요리(鍋料理 : なべりょうり)나 조림요리(煮物) 등에 이용한다.

▲ 말고삐 썰기

⑰ 무스비가마보코기리(結び蒲鉾切リ : むすびかまぼこぎり) – 매듭 어묵모양 만드는 썰기

어묵을 두께 7mm 정도로 썰어서 그림처럼 칼집을 넣어 묶는 것처럼 만든 것이다.

▲ 매듭 어묵모양 만드는 썰기

⑱ 후데쇼우가기리(筆生姜切リ : ふでしょうがぎり) – 붓끝모양 썰기

햇생강(薑はじかみ)을 붓끝 모양처럼 깎아 만드는 방법으로 햇생강을 방망이처럼 다듬어 잘라 쓴다 하여 기네쇼우가(杵生姜 : きねしょうが)라고 한다. 구이류(燒物) 등의 아시라이(あしらい : 곁들임 재료)에 사용한다.

▲ 붓끝모양 썰기

⑲ 이카리후우보우기리(いかりふうぼう切リ) – 갈고리모양 만드는 썰기

셋잎(三つ葉 : みつば : 미쓰바) 등을 밑부분에 + 모양 칼집을 넣고 찬물에 담가두면 갈고리모양이 만들어진다.

▲ 갈고리모양 만드는 썰기

⑳ 마쓰카사이카기리(松笠烏賊切リ : まつかさいかぎリ) – 솔방울모양 오징어 썰기

오징어 등을 가로, 세로로 비스듬히 칼집을 넣은 후 끓는 물에 데쳐내면 솔방울 모양이 된다. 냄비요리 등에 사용한다.

▲ 솔방울모양 오징어 썰기

㉑ 가라쿠사이카기리(唐草烏賊切リ : からくさいかぎリ) – 당초무늬 오징어 만드는 썰기

오징어를 세로로 비스듬히 깊게 칼집을 넣고 또다시 옆으로 6~7mm로 잘라서 뜨거운 물에 데치면 당초(唐草)무늬처럼 되어서 붙여진 이름이다.

▲ 당초무늬 오징어 만드는 썰기

㉒ 아야메기리(菖蒲切リ : あやめぎり) – 붓꽃모양 썰기

당근 등으로 그림과 같이 붓꽃모양으로 썬 것을 말한다.

▲ 붓꽃모양 썰기

㉓ 다이콩노아미기리(大根の網切リ : ダイコンのあみぎり) – 그물모양 무 썰기

무를 사각기둥모양으로 잘라서 지그재그로 4면에 칼집을 넣고 돌려깎아서 소금물에 절였다가 펼치면 그물모양이 된다.

▲ 그물모양 무 썰기

3) 생선회 자르는 법

① 가늘게 썰기(細造リ, 호소즈쿠리)

기스, 사요리 등의 가늘고 긴 생선을 자를 때 사용하는 방법으로 가늘게 자르는 것을 말한다. 광어, 도미, 오징어 등을 기호에 따라, 요구에 따라 가늘게 써는 방법이다. 칼끝을 도마에 대고 손잡이가 있는 부분을 띄우고 써는 방법으로 싱싱한 생선이라야 가늘게 썰어도 씹는 맛을 느낄 수 있다.

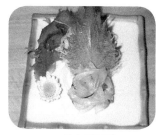

▲ 호소즈쿠리

② 각썰기(角造リ, 가쿠즈쿠리)

참치나 방어 등의 생선을 직사각형 또는 사각으로 각지게, 깍두기 모양으로 써는 방법으로서, 야마카케(山掛)가 대표적이다. 썰어서 김에 말기도 하고 겹쳐서 담기도 한다.

▲ 가쿠즈쿠리

③ 얇게 벗겨 썰기(削造リ, 소기즈쿠리)

단단한 흰 생선을 포를 뜨듯이 얇게 자르는 방법. 대표적으로는 후구사시미, 광어, 도미 등의 흰살생선에 사용한다. 자르는 법은 왼손으로 생선살을 가볍게 누르고 칼을 눕혀 잡아당기면서 잘라 한 장씩 포개어 놓는다. 이때 칼날이 왼쪽을 향하게 하여 자른다. 아라이(얼음물에 씻는 회)할 생선이나 모양이 좋지 않은 회를 자를 때 쓰는 방법이다.

▲ 소기즈쿠리

④ 껍질데처썰기(湯霜造リ, 유시모즈쿠리)

이 방법은 껍질부분에 끓는 물을 부어 껍질을 익혀서 사용하는 것을 말한다. 이렇게 사용하면 껍질의 비린내도 없어지고 연하게 되어 먹기에 좋다. 다른 말로는 가와시모라고도 한다. 가와시모에는 끓는 물로 껍질을 익혀 만드는 유시모와 껍질을 불에 익혀 만드는 야키시모가 있다.

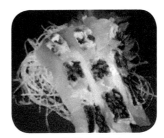
▲ 유시모즈쿠리

⑤ 뼈째 썰기(背越, 세고시)

활어나 담수어를 사시미나 스노모노로 만들 때 사용하는 방법이다. 생선 특유의 맛과 향기를 볼 수 있는 장점이 있다. 예를 들어 은어를 세고시한다면 먼저 미끌미끌한 것을 칼로 긁어내고 등쪽 지느러미와 배쪽 지느러미, 머리, 내장을 잘라낸 후 소금물에 씻은 다음 젓가락에 행주를 싸서 내장이 있던 곳을 찔러 닦는다. 이것의 등쪽을 자기 앞쪽으로 놓고

▲ 세고시

가늘게 채쳐서 2~3번 얼음물에 씻어 물기를 닦아서 사용한다. 초고추장에 찍어 먹는다. 전갱이, 병어, 은어, 전어 등의 작은 생선을 손질 후 뼈째 썰어 얼음물에 씻어서 수분을 잘 제거하고 회로 먹는 방법으로 주로 살아 있는 생선에 이용한다. 뼈를 씹어 고소한 맛을 즐길 수 있는 생선회 조리법이다.

⑥ 실굵기썰기(絲造リ, 이토즈쿠리)

호소즈쿠리의 한 방법으로 호소즈쿠리보다 더 가늘게 자르는 법으로 잇카를 자를 때 가늘게 채치는 것을 말한다. 야리잇카나 스루메잇카 등 육질이 질긴 것은 얇은 껍질을 벗기고 칼을 약 45도 정도로 세워 자기 쪽으로 당기며 가늘게 자른다. 광어, 도미, 오징어 등을 실처럼 가늘게 써는 것으로 다른 종류의 젓갈이나 소재로 무칠 때, 또는 작은 용기에

▲ 이토즈쿠리

담을 때 쓰는 방법이며, 선도가 좋지 않으면 실처럼 가늘게 썰 때 찢어지기 때문에 곤란하다. 먹을 때 또한 씹는 맛이 없어 싱싱하지 않으면 이토즈쿠리를 하지 않는다.

⑦ 얇게 썰기(薄造リ, 우스즈쿠리)

살에 탄력이 있는 복어나 흰살생선을 최대한 얇게 써는 방법으로 고도의 기술을 요구한다. 얇게 떠서 학모양, 장미모양, 나비모양 등을 만들기도 한다. 얇게 썰기 때문에 선도가 떨어지는 생선으로는 안 되고, 살아 있는 생선을 사용해야 한다.

▲ 우스즈쿠리

⑧ 작게 잘라 썰기(叩き, 다타키)

가다랑어와 같은 생선을 조각으로 자르고 표면만을 구운 후 식혀서 썰고 양념과 양념장을 뿌려 먹는 것. 아지를 대표하는 사시미 만드는 법으로 가정에서 주부도 할 수 있다. 잘게 잘라서 기노메, 생강, 실파 등을 잘라 생선과 섞어 사용한다. 이렇게 섞으면 좋은 향도 나고 비린내도 없어서 좋다.

⑨ 잡아당겨 썰기(引造り, 히키즈쿠리)

마구로나 하마치 등 큰 생선을 자르는 방법으로 평썰기와 같은 요령으로 칼을 세워서 손잡이 부분부터 시작하여 칼끝까지 당기면서 썰고 우측으로 보내지 않고 칼을 빼낸다. 살이 부드러운 생선의 뱃살부분을 썰 때 유효한 방법이다.

⑩ 직사각형으로 썰기(短冊切り, 단자쿠기리)

간단히 말하면 직사각형으로 자르는 것이다. 사요리, 잇카, 전복 등을 직사각형으로 얇게 자를 때 사용한다.

⑪ 크고 두껍게 자르기(ぶつ切り, 부쓰기리)

문어를 자르는 방법으로 잘 알려져 있는데 모양을 보지 않고 그냥 뚝뚝 자르는 방법이다.

▲ 부쓰기리

⑫ 파도썰기(細波造り, 사자나미즈쿠리)

문어나 전복 등을 자를 때 많이 사용하는 방법이다. 잔물결처럼 굴곡이 나올 수 있도록 칼을 밀었다 잡아당겼다 하면서 자르면 모양도 좋아지고 간장을 찍을 때 잘 묻어난다.

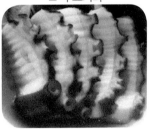
▲ 사자나미즈쿠리

⑬ 평썰기(平造り, 히라즈쿠리)

모든 생선회를 자르는 방법 중 가장 많이 쓰이는 방법으로 생선의 높은 부위를 뒤로 하고 낮은 부위를 자기 앞쪽으로 오게 하여 칼을 단칼에 잡아당겨 썰어준 후 자르기가 끝나면 우측으로 밀어 가지런히 겹쳐 담는다. 두께는 생선의 성질에 맞도록 알맞게 썰며 잘린 부분은 광택이 나고 각이 있도록 자른다. 주로 방어, 참치회와 같이 두꺼운 생선에 많이 사용된다.

▲ 히라즈쿠리

⑭ 표면 익혀 자르기(湯ぶり, 오유부리)

흰살생선, 마구로, 잇카 등을 표면만 살짝 익히는 방법으로 끓는 물에 재료를 넣고 살짝 익혀 재빨

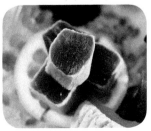
▲ 오유부리

리 얼음물에 넣어 식힌 후 마른행주로 물기를 닦아 쓰는 방법이다. 마구로의 색이 약간 변했을 때, 또는 같은 마구로를 2가지 상품으로 표현하고자 할 때 사용하면 좋다.

7 일식 조리도구의 종류 및 용도

① **집게냄비[얏토코나베(鋏鍋 : やっとこなべ)]**
일본요리를 할 때 가장 많이 사용하는 집게냄비는 깊이가 낮으며 편평한 모양으로 손잡이가 없는 것이 특징이라고 할 수 있다. 냄비를 잡을 때 반드시 집게를 사용하기 때문에 이 이름이 붙었다. 냄비의 크기가 다양하므로 조리방법에 따라 알맞은 크기의 집게냄비를 선택한다.

▲ 집게냄비

② **편수냄비[가타테나베(片手鍋 : かたてなべ)]**
가장 많이 사용하는 냄비이며 손잡이가 있어서 사용하기 편리하다.

▲ 편수냄비

③ **양수냄비[료우테나베(両手鍋 : りょうてなべ)]**
냄비 양쪽에 손잡이가 달려 있어 많은 양의 요리를 삶거나 조릴 때 사용하기 때문에 비교적 큰 냄비가 많다.

▲ 양수냄비

④ **튀김냄비[아게나베(揚鍋 : あげなべ)]**
튀김 전문용 냄비로 바닥이 평평하고 깊이가 있는 두꺼운 재질인 구리합금이나 철 등을 사용하여 튀김기름의 온도를 일정하게 유지해 준다.

▲ 튀김냄비

⑤ 달걀말이팬[다마고야키나베(卵燒鍋 : たまごやきなべ)]

달걀말이팬(出汁卷鍋)은 사각형의 형태가 보편적이고 사용하기 전에는 자른 채소를 기름에 볶아 팬을 길들인다. 재질은 알루미늄 재질도 있지만, 열전달방법이 균일한 구리재질이 좋다. 안쪽에 도금이 되어 있으며, 도금된 곳은 고온에 약하므로 과열로 굽는 것을 피한다. 사용 후에는 물로 씻지 않고, 기름을 얇게 발라 보관한다.

▲ 달걀말이팬

⑥ 덮밥냄비[돔부리나베(丼鍋 : どんぶりなべ)]

덮밥 전용 냄비로 쇠고기덮밥(牛肉丼)이나 닭고기덮밥(親子丼) 등을 1인분 분량으로 만들거나 재료 위에 달걀을 풀어서 끼얹는 덮밥을 만들 때 편리하다. 대개 알루미늄이나 구리 재질 등을 사용한다.

▲ 덮밥냄비

⑦ 쇠냄비[데쓰나베(鉄鍋 : てつなべ)]

전골냄비(鋤燒鍋 : すきやきなべ)라고도 하며, 비교적 열전도율과 보온력이 좋은 철의 재질로 만들어 두껍고 무거운 것이 특징이다. 처음 냄비를 사용할 때는 오차나 뜨거운 물로 장시간 끓여서 잿물 등을 제거하여 사용하고 보관할 때는 녹슬지 않도록 잘 건조시킨다.

▲ 쇠냄비

⑧ 토기냄비[도나베(土鍋 : どなべ)]

두꺼운 뚜껑이 있는 냄비로서 양쪽에 잡는 손잡이가 있다. 보온력이 우수하지만 열전도율이 좋지 않아 식탁에 오르는 1인분용 냄비요리에 사용한다.

▲ 토기냄비

⑨ 찜통[무시키(蒸し器 : むしき)]

찜통은 증기를 통해서 재료에 열을 가하는 조리방법이며 재질의 종류에는 스테인리스, 알루미늄 등의 금속제품이 대부분이다. 하지만 목재로 만들

▲ 찜통

어진 제품은 열효율도 좋고 나무가 여분의 수분을 적당히 흡수하는 장점이 있기 때문에 식재료의 특성에 따라 구분해서 사용한다.

⑩ 조림용 뚜껑[오토시부타(落し蓋 : おとしぶた)]

오토시부타는 냄비 중앙 위에 재료를 덮어 재료나 국물이 직접 닿게 하여 조림이 빨리 되고, 국물의 대류현상에 의해 양념이 고루 스며들도록 하는 역할을 하는 뚜껑이다. 재질은 나무로 만든 것과 종이로 만든 것이 있다.

▲ 조림용 뚜껑

⑪ 강판[오로시가네(卸金 : おろしがね)]

고추냉이, 무, 생강 등을 갈 때 사용한다. 강판의 재질은 구리, 도기, 스테인리스, 플라스틱 등으로 다양하게 만들어지며, 종류에 따라 눈 크기가 달라 보통 무에는 굵은 눈을 사용하고 생강이나 와사비 등에는 가는 눈을 이용하여 용도에 맞게 사용한다.

▲ 강판

⑫ 절구통/절구방망이[스리바치/스리코기(擂鉢 : すりばち, 擂り粉木 : すりこぎ)]

재료를 부수고 으깨거나 계속 휘저어서 끈기가 나도록 하는 용도로 사용한다. 절구통의 재질은 흙으로 만들어 구운 것으로 내부에 잔잔한 빗살무늬의 홈이 패어 있는 것이 특징이다.

▲ 절구통과 절구방망이

⑬ 굳힘틀[나가시캉(流し缶 : ながしかん)]

사각형태의 스테인리스 재질이 두 겹으로 만들어진 것이고, 보통 달걀, 두부 등의 찜요리(むしもの), 참깨두부(ごまどうふ) 같은 네리모노(ねりもの)와 한천을 이용한 요세모노(よせもの) 등을 만드는 데 사용한다.

▲ 굳힘틀

⑭ 눌림통[오시바코(御し想 : おしばこ)]

목재로 된 상자초밥용과 오시바코에 밥을 넣어 눌러 모양을 찍어내는 두 종류가 있다. 사용방법은 틀에 랩을 놓고 밥이나 초밥을 넣어 위에 재료를 넣고 뚜껑으로 누른 다음, 뚜껑과 틀을 들어내면 밑판에 모양이 잡힌 상자초밥이 만들어진다. 사용 전에는 물을 적셔주어야만 밥알이 달라붙지 않는다.

▲ 눌림통

⑮ 꼬챙이[구시(鉄串 : くし)]

꼬챙이는 대나무로 만든 제품과 스테인리스로 만든 제품이 있는데, 스테인리스 제품은 생선구이에 사용하고 대나무로 만든 제품은 재료를 펴서 삶을 때 사용한다. 재료에 따라 꼬챙이의 굵기와 길이를 선택하여 용도에 맞게 사용한다.

▲ 꼬챙이

⑯ 소쿠리[자루(笊 : ざる)]

재질은 대부분 대나무로 된 것(竹籠 : たけかご)과 스테인리스로 된 것이 있다. 주로 재료의 물기를 빼는 데 사용되는데 재료를 넣은 채로 데치는 데도 활용하는 등 폭넓게 사용된다. 종류는 편평한 것과 깊은 것, 둥근 것과 사각진 것, 큰 것과 작은 것 등으로 다양하다.

▲ 소쿠리

⑰ 초밥 비빔용 통[항기리(半切リ : はんぎリ)]

보통 노송나무(ひのき)로 만들어진 비빔용 통으로 초밥을 만들 때 사용된다. 사용할 때는 물을 골고루 적셔 수분이 충분히 흡수되도록 한 다음 사용해야 밥알이 달라붙지 않고, 초밥초가 나무에 지나치게 스며들지 못하게 한다. 또한 지어진 밥이 나무의 완충작용으로 인해 수분의 양을 조절해 준다. 사용한 후에는 물 세척해서 건조시켜 뒤집어 놓는다.

▲ 초밥 비빔용 통

⑱ 김발[마키스(卷き簀 : まきす)]

김초밥을 만들거나 달걀말이 모양을 좋게 할 때 등 다양하게 사용된다. 대나무의 재질로 되어 있어 견고하며, 강한 열에도 잘 변형되지 않는다.

▲ 김발

⑲ 조리용 핀셋[호네누키(骨拔き : ほねぬき)]

핀셋은 생선의 지아이(血合い : ちあい) 부근의 잔가시나 뼈를 제거하고 유자, 자몽 등의 과육을 빼내는 데 사용한다. 생선의 뼈를 빼낼 때에는 뼈와 평형이 되도록 해서 머리 쪽으로 잡아당겨야 잘 뽑힌다.

▲ 조리용 핀셋

⑳ 장어 고정시키는 송곳[메우치(目打 : めうち)]

표면이 미끄러운 갯장어, 민물장어, 바닷장어 등의 눈부분을 송곳으로 고정시켜서 손질할 때 편리하다.

▲ 장어 송곳

㉑ 비늘치기[우로코히키(鱗弾き : うろこひき)]

농어, 도미, 연어 등의 생선의 비늘을 제거할 때 사용하는 기구이다. 생선의 비늘을 벗길 때에는 생선의 머리 방향으로 긁어야 잘 벗겨진다.

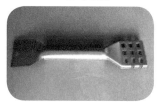
▲ 비늘치기

㉒ 요리용 붓[하케(刷毛 : はけ)]

튀김 재료에 밀가루나 녹말가루 등을 골고루 바를 때 사용하거나 생선구이 요리에 다레(垂れ: たれ)를 바를 때 사용한다.

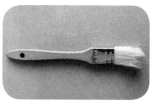
▲ 요리용 붓

㉓ 파는 기구[구리누키(刳リ貫き : くりぬき)]

과일류나 채소류 등에 들어 있는 씨앗을 빼내거나 재료들을 조리용도에 따라 둥글게 파내는 도구이다.

▲ 파는 기구

㉔ 찍는 틀[누키카타(抜き形 : ぬきかた)]

재료에 꽃모양, 동물모양, 별모양 등의 원하는 형태로 찍어 눌러 만드는 도구로 스테인리스 제품이며 다양한 모양과 크기가 있다.

▲ 찍는 틀

㉕ 체[우라고시(裏漉し : うらごし)]

체는 원형의 목판에 망을 씌운 기구이며, 재질은 나일론, 말꼬리 털, 스테인리스 등이 있다. 국물을 거를 때 재료의 건더기와 분리하거나 재료를 체에 올려서 으깨어 내릴 때 등에 다양하게 사용된다.

▲ 체

㉖ 말린 대나무 껍질[다케노카와(竹の皮 : たけのかわ)]

죽순 껍질을 말린 것으로 물이나 뜨거운 물에 불려서 사용한다. 재료를 감싸서 찜이나 굳힘요리를 하거나 완성된 구이요리 밑에 깔아 모양을 내준다. 또 잔 칼집을 내어 냄비 바닥에 깔아 재료가 눌어붙는 것을 방지하는 데 사용할 수 있다.

▲ 말린 대나무 껍질

㉗ 얇은 판자종이[우스이타(薄板 : うすいた)]

삼나무(杉 : すぎ)나 노송나무(檜 : ひのき)를 종잇장처럼 얇게 깎아 만든다. 포를 뜬 생선을 싸서 냉장고에 보관하기도 하고, 각종 요리의 재료에 장식용 등으로 사용된다.

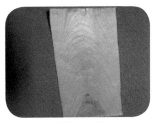

▲ 얇은 판자종이

㉘ 그물망 국재[아미자쿠시(網杓子 : あみじゃくし)]

튀김요리를 할 때 튀김 찌꺼기(天滓 : てんかす) 등을 건져내는 데 사용한다.

▲ 그물망 국자

8 일본요리의 국물 재료 및 기본소스

1) 국물의 재료

(1) 다시마(昆布, こんぶ)

다시마의 종류와 풍미는 산지에 따라 다양하게 분포되어 있으나 보통 양질의 다시마는 두께감이 있고 표면에 하얀 가루가 많이 노출되어 있는 것이 좋다고 할 수 있다. 또한, 표면에 붙어 있는 흰색의 가루는 만니톨이라는 성분으로 국물을 만들 때 첨가되면 시원한 감칠맛을 주기 때문에 다시마의 표면을 물로 씻으면 안되고 깨끗한 면포로 표면을 닦아주는 것이 좋다.

(2) 가다랑어포(鰹節, かつおぶし)

가다랑어를 정선하여 높은 열에서 쪄내고 음지에서 수분이 완전히 없어지도록 건조시킨 후 대패와 같은 기구로 얇게 벗겨낸 것을 말한다. 통가다랑어는 잘 건조되어 있고 무게감이 좋으며 두드려보았을 때 맑은 음이 나는 것이 좋다. 가다랑어포로 얇게 벗겨냈을 때는 사물이 보일 정도의 투명감이 있고 단단한 조직 감과 분홍 빛깔이 나는 색상이 좋다. 반대로 검은 빛깔이 많이 섞여 있는 것은 피가 섞여 있기 때문에 국물을 만들기에는 탁해지는 현상으로 좋지 않다. 그리고 가다랑어는 벗겨낸 후 시간이 지날수록 향미가 떨어지기 때문에 즉석에서 필요한 양만을 사용하는 것이 가장 좋다.

(3) 삶아 말린 잔물고기(煮干, にぼし)

어패류나 갑각류를 삶아서 건조시킨 것을 니보시라 일컫는다. 그중에서 멸치가 가장 많이 사용되며 멸치는 신선한 색깔과 광택이 있고 기름기가 배지 않으며 등이 푸르고 건조가 잘 된 것을 골라야 한다. 국물을 만들 때 는 가다랑어보다 조금 더 오래 끓여야 하고 사용 전에 비린맛을 없애기 위해 약간 볶아주면 좋다.

2) 일본요리에 쓰이는 다시

(1) 일번국물(一番出汁, いちばんだし)

재료를 넣고 첫 번째로 만든 다시가 1번다시(이치반다시)이다. 재료의 좋은 풍미를 단시간에 투명하고 깨끗하게 우려낸 다시는 주로 다시 자체의 맛을 즐기는 맑은국이나 찜요리의 맛국물에 사용된다.

[만드는 방법]
① 다시마는 젖은 면포로 양면을 닦아낸 다음 냄비에 찬물과 함께 담아 센 불의 열을 가하여 물이 끓기 시작하면 다시마는 건져낸다.
② 물이 끓으면 가다랑어포를 살며시 냄비에 넣은 다음 거품을 잘 걷어내고 불을 끈다.
③ 가다랑어포가 흡수되어 바닥으로 가라앉으면 고운체에 면포를 올리고 찌꺼기가 들어가지 않도록 잘 걸러준 후 중탕으로 빨리 식혀준다.

- 재료의 맛이 직접 우러나오기 때문에 질 좋은 가다랑어포를 사용하는 것이 좋은 다시를 만드는 비결이다. 물이 끓기 직전에 다시마를 건져내지 않으면 다시마에서 점액이 우러나서 쓴맛을 낼 수 있으므로 주의가 필요하고 거품을 잘 걷어내는 것도 다시의 맛을 상승시키는 포인트가 된다.

(2) 이번국물(二番出汁, にばんだし)

일번다시에 사용했던 가다랑어포를 버리지 않고 다시 재사용하여 만든 것이 니반다시이다. 니반다시는 조림요리나 된장국 등의 재료에 맛을 들일 때 주로 사용된다.

[만드는 방법]
① 냄비에 일번다시에 사용한 가다랑어포와 다시마를 찬물에 넣어서 센 불의 열을 가한다.
② 물이 끓기 시작하면 다시마는 건져내고 우려내지 않은 새 가다랑어포를 약간 넣어준다.
③ 가다랑어포가 흡수되어 바닥으로 가라앉으면 고운체에 면포를 올리고 찌꺼기가 들어가지 않도록 잘 걸러준 후 중탕으로 빨리 식혀준다.

(3) 팔방국물(八方出汁, はっぽうだし)

팔방다시는 이번다시에 청주, 소금, 간장, 미림을 넣어 엷은 맛을 내는 것이다. 팔방미인처럼 어느 곳에 사용해도 무난하게 잘 어울린다 하여 팔방다시라는 이름이 붙여졌다. 재료에 있는 맛을 들이기 전에 팔방다시로 밑간을 들이고 재료가 가지고 있는 냄새와 거품을 없애주는 작용을 한다.

[만드는 방법]

이번다시(14) : 청주(1) : 간장(1) : 미림(1)의 비율로 간을 약하게 맞춘 후 한번 끓여서 사용한다.

⑷ 멸치국물(煮干出汁, にぼしだし)

멸치를 활용하여 국물을 만들 때는 너무 크지 않은 멸치를 사용하고, 내장을 빼내어 멸치 특유의 진한 맛이 우러나오도록 한다. 채소요리나 우동, 된장국 등에 주로 사용된다.

[만드는 방법]

① 냄비에 찬물을 붓고 다시마와 내장을 제거한 멸치를 함께 넣어 센 불의 열을 가하여 물이 끓기 시작하면 다시마는 건져낸다.

② 물이 끓을 때 위로 떠오르는 불순물은 국자로 제거한다.

③ 물이 끓기 시작하여 5~6분 정도 후에 불을 꺼준다.

④ 10분 정도 지난 후 고운체에 면포를 올리고 잘 걸러준 후 중탕에서 빨리 식혀준다.

⑸ 다시마국물(昆布出汁, こんぶだし)

정진요리를 만들기 위한 요리에 사용되기도 하고 주로 냄비요리, 찜요리, 생선요리 등에 사용된다.

[만드는 방법]

다시마는 젖은 면포로 양면을 닦아낸 다음 냄비에 찬물과 함께 담아 센 불의 열을 가하여 물이 끓기 시작하면 다시마는 건져내어 중탕으로 빨리 식혀준다.

3) 기본 소스류

⑴ 소바다시

튀김우동과 튀김소바, 차소바의 국물 등으로 주로 사용된다.

[재료]

물 7000cc, 가다랑어포 200g, 다시마 50g, 진간장 1000cc, 미림 1000cc

[만드는 방법]

① 물, 다시마, 진간장, 미림을 냄비에 넣고 끓인다.

② 다시마를 건져내고 가다랑어포를 넣고 30분 정도 국물을 우려낸다.

③ 거품을 건져내고 가다랑어포가 바닥에 가라앉으면 체에 면포를 올려 거른 후 식혀서 냉장 보관하여 사용한다.

(2) 폰즈

일본산 식초(다이다이스)를 이용해서 만드는 방법이다.

[재료]

진간장 20L, 다이다이스(능자즙) 20000cc, 다마리간장 500cc, 청주 1800cc, 미림 1800cc, 다시마 100g, 가다랑어포 1000g

[만드는 방법]

위의 재료를 모두 섞은 후 서늘한 곳에서 1주일 정도 발효시킨 후 거즈행주에 걸러 냉장 보관하며 사용한다.

(3) 도사스

주로 채소나 문어 등을 초무침할 때 사용한다.

[재료]

다시 8000cc, 식초 1000cc, 연간장 1000cc, 미림 1000cc

[만드는 방법]

① 다시와 미림을 섞어서 한번 끓인다.

② 연간장과 식초를 섞어서 한번 끓인다.

③ ①과 ②를 섞어서 빨리 식혀 냉장 보관하며 사용한다.

(4) 채소소스

주로 채소 샐러드에 많이 이용한다.

[재료]

진간장 1800cc, 식초 1800cc, 설탕 600g, 간 마늘 50g, 간 생강 50g, 참기름 180cc, 다시 3600cc

[만드는 방법]

① 참기름을 먼저 끓여서 식혀 놓는다.

② 진간장을 끓여서 식힌다.

③ 식초, 다시, 설탕을 섞어서 끓인 후 생강과 마늘을 넣어 5분 정도 우려내고 면포에 걸러서 식힌다.

④ 위의 ①, ②, ③을 섞어서 냉장 보관하며 사용한다.

(5) 고마다레

고마다레는 샤부샤부를 먹을 때 찍어 먹는 소스로 이용되고 특히 채소에 잘 어울린다.

[재료]

아타리 고마(참깨 간 것) 600g, 모미지오로시 20g, 양파 450g, 당근 450g, 닭국물 144cc×10, 미림 144cc×4.5, 진간장 144cc×6, 마늘 30g

[만드는 방법]

① 진간장과 닭국물을 각각 끓여서 식힌다.

② 양파와 당근을 잘게 잘라서 준비해 놓는다.

③ 진간장과 닭국물을 섞어서 조금씩 믹서에 넣고 양파와 당근, 아타리 고마, 미림, 마늘을 조금씩 넣으며 곱게 갈아서 용기에 담는다. 모두 간 후 섞어서 냉장 보관하며 사용한다.

(6) 스키다레

스키야키를 만들 때 기본 국물로 사용한다.

[재료]

청주 1800cc, 진간장 1800cc, 설탕 650g, 미림 1800cc, 물 1800cc

[만드는 방법]

① 청주와 설탕을 섞어서 술 냄새가 나지 않을 때까지 끓인다.

② 위에 진간장을 섞어서 다시 한 번 끓이고 식혀서 냉장 보관하며 사용한다.

(7) 유안다레(생선절임용 소스)

은대구, 대구, 연어 등 주로 기름이 많은 생선을 사용한다.

[재료]

청주 1800cc, 진간장 1800cc, 설탕 1000g, 유자 or 레몬 3개 정도

[만드는 방법]

① 청주와 설탕, 진간장을 섞으며 설탕을 완전히 녹인다.

② 유자를 5~6등분하여 ①에 넣고 손질한 생선을 넣은 후 2시간 정도 절여서 사용한다.

(8) 초무침다시

[재료]

1번다시 – 다시 400cc, 식초 100cc, 연간장 100cc, 미림 100cc, 조미료 약간

2번다시 – 다시 800cc, 식초 100cc, 연간장 100cc, 미림 100cc, 조미료 약간

[만드는 방법]

① 다시와 미림을 섞어서 한번 끓인다.

② 식초와 연간장을 섞어서 한번 끓이고 ①과 섞어 식혀서 사용한다.

[사용방법]

우선 초무침할 재료를 정선하여 1번다시에 하루 정도 담갔다가 건져 2번다시에 담아서 사용한다.

9 어패류 손질하는 방법

1) 도미 손질방법

① 도미나 생선를 다룰 때는 항상 두 손을 사용하여 머리와 꼬리를 잡아 조심해서 다룬다.

② 비늘치기로 생선 양쪽 면의 비늘을 벗겨준다.

③ 데바칼로 생선의 아가미를 벌려서 칼을 넣고 머리와 몸의 이음을 끊는다.

④ 배에 칼을 넣어 내장을 제거한다.

⑤ 배지느러미 바로 밑에 칼을 넣어 머리를 떼어낸다.

⑥ 솔을 이용해서 배 속의 불순물과 피를 제거하고 꼬리부분을 걸어서 남은 피를 제거한다.

⑦ 머리를 오른쪽에 배쪽을 자기 앞으로 향하게 하여 항문 부위에서 꼬리 쪽으로 포를 떠낸다.

⑧ 이번엔 생선의 머리를 왼쪽으로, 등 쪽을 자기 앞쪽으로 향하게 하여 꼬리부터 머리 쪽으로 포를 떠낸다.

⑨ 생선을 뒤집어서 머리 쪽을 오른쪽에, 등 쪽을 자기 앞쪽으로 향하게 하여 머리 쪽부터 꼬리 쪽으로 포를 떠낸다.

⑩ 다시 생선의 꼬리 쪽을 오른쪽으로, 등 쪽을 자기 앞쪽으로 향하게 하여 꼬리 쪽부터 포를 떠낸다.

⑪ 생선의 갈비뼈와 가운데의 뼈를 제거한다.

⑫ 생선의 껍질을 벗긴다.

⑬ 껍질을 벗긴 생선은 마른 면포에 싸서 냉장 보관하며 사용한다.

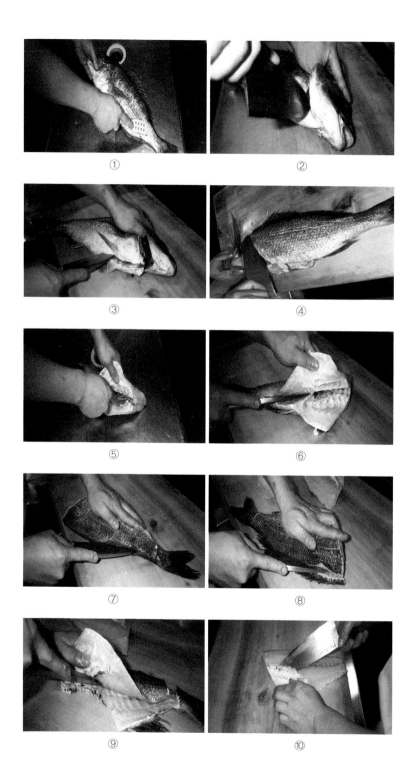

①

②

③

④

⑤

⑥

⑦

⑧

⑨

⑩

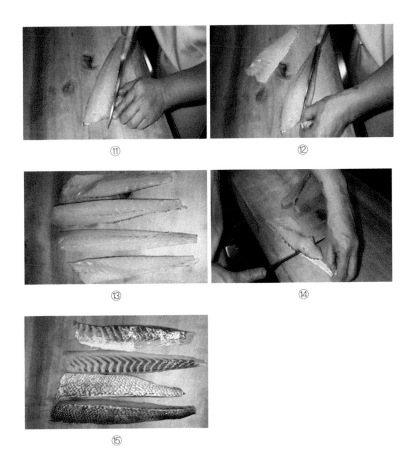

⑪　　　　　　⑫

⑬　　　　　　⑭

⑮

※ 도미 머리 손질법

① 자른 도미의 머리를 도마에 세워 단단히 잡고 윗니 사이로 칼을 넣어 이마부분을 반으로 자른다.

② 머리를 양쪽으로 벌린 후 아래턱의 연결부위를 자른다.

③ 가슴지느러미와 배지느러미를 보기 좋을 정도로 잘라낸다.

④ 머리에 남아 있는 피와 이물질을 흐르는 물에 깨끗이 씻어낸다.

⑤ 끓는 물에 살짝 데쳐 찬물에 식힌 후 머리에 남아 있는 비늘과 남아 있는 이물질들을 제거한다.

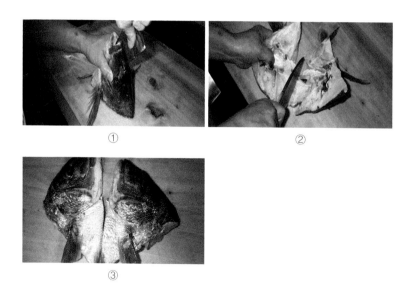

①   ②

③

2) 광어 손질방법

① 생선의 눈을 위로 하고 머리를 오른쪽으로 향하게 하여 꼬리를 잡아 회칼로 겉비늘을 벗겨준다.

② 반대로 생선을 뒤집어서 겉비늘을 벗긴다.

③ 광어의 아가미턱을 잡고 데바칼로 머리를 분리한다.

④ 내장을 제거하고 알을 꺼낸다.

⑤ 배 속과 뼈에 붙어 있는 피와 불순물을 제거한다.

⑥ 마른 면포로 물기를 제거하고 왼손으로 꼬리를 잡고 잘 드는 칼로 양쪽 지느러미에 칼을 넣는다.

⑦ 머리를 오른쪽으로 향하게 하고 머리 쪽부터 지느러미를 살짝 들어올리며 포를 떠낸다.

⑧ 반대로 생선을 뒤집어서 위와 같이 포를 뜬다.

⑨ 포를 뜬 생선의 양쪽 지느러미부분(엔가와)을 분리하고 가운데의 가시를 제거한다.

⑩ 생선의 껍질을 벗기고 마른 면포에 말아서 냉장 보관하여 사용한다.

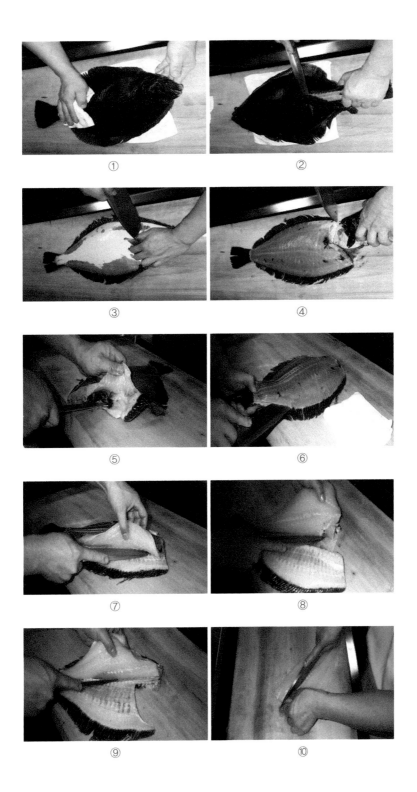

① ②

③ ④

⑤ ⑥

⑦ ⑧

⑨ ⑩

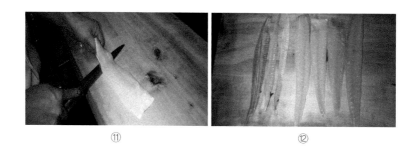

⑪ ⑫

3) 피조개 손질방법

① 피조개의 두 껍질 사이에 조개칼을 넣어 껍질에 붙어 있는 근육을 잘라 껍질과
   내용물을 분리한다.

② 분리된 내용물에서 조갯살, 내장과 히모를 분리한다.

③ 조갯살의 가운데에 칼을 넣어 끝부분만 약간 남겨놓는다.

④ 조갯살 속의 내장을 떼어낸다.

⑤ 조갯살에 붙어 있는 피와 불순물을 칼로 긁어서 제거한다.

⑥ 히모에서 피와 끈적이는 불순물과 얇은 막을 제거한다.

⑦ 소금에 문질러서 물에 씻은 후 불순물과 피를 깨끗이 씻어낸다.

⑧ 마른행주로 물기를 제거하면서 닦이지 않은 불순물을 제거하고 냉장 보관
   하여 사용한다.

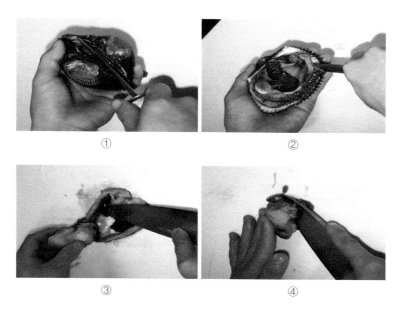

① ②

③ ④

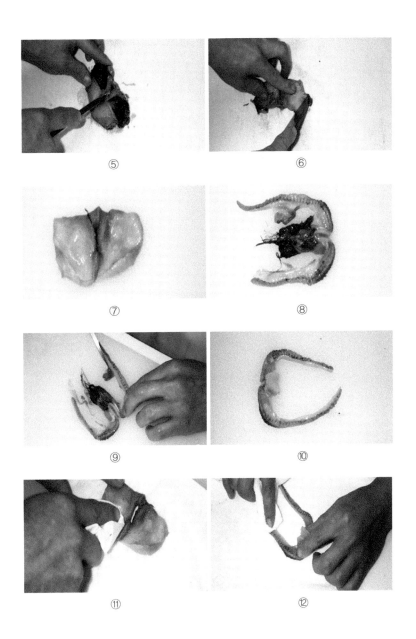

⑤

⑥

⑦

⑧

⑨

⑩

⑪

⑫

4) 전복 손질방법

① 전복의 입쪽에 칼집을 내고 소금을 집어넣은 후 도마에 대고 두들겨 전복 내의 불순물을 빼낸다.

② 솔을 이용해서 전복에 묻어 있는 불순물을 제거한다.

③ 조개칼로 껍질에 붙어 있는 근육을 껍질에서 분리한다.

④ 내장과 전복살을 떼어낸다.

⑤ 껍질에서 내장을 떼어낸다.

⑥ 전복살은 입을 제거하고 내장은 모래주머니를 제거해 준다.

⑦ 전복살과 내장을 소금물로 깨끗이 씻어 물기를 제거하여 사용한다.

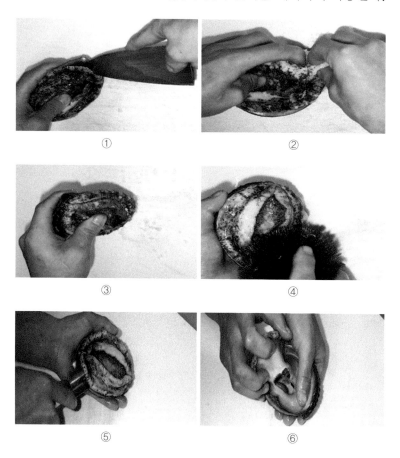

①

②

③

④

⑤

⑥

⑦　　　　　　　　　　　⑧

⑨

10 일식 · 복어조리기능사 실기시험 진행안내

1) 시험 진행방법 및 유의사항

① 정해진 실기시험 일자와 장소, 시간을 정확히 확인 후 시험 30분 전에 수험자 대기실에 도착하여 진행요원의 지시에 따라서 수험표 배부 및 수험생 확인작업의 지시를 받는다. 입실시간을 지키지 않으면 시험응시가 불가능하다. 특히, 개인위생이 중요하므로 시계, 반지, 팔찌 등의 액세서리를 착용하지 않으며 손톱은 단정히 다듬고 매니큐어도 지운다.

② 가운과 앞치마, 모자 또는 머릿수건을 단정히 착용한 후 진행요원의 호명에 따라 수험표와 신분증을 확인한 후 등번호를 교부받아 실기시험장으로 입실한다. 특히 위생모를 쓸 때에는 앞머리카락이 밖으로 흘러나오지 않도록 안으로 단정히 집어넣는다.

③ 자신의 등번호가 위치해 있는 조리대로 가서 실기시험 과제를 확인 후 준비해 간 도구 중 진행요원의 지시에 따라서 조리대 위에 올려놓는다.

④ 실기시험은 진행요원의 지시 없이 시작하지 않아야 하며, 주의사항을 잘 숙지하여 시험에 차질이 없도록 한다.

⑤ 지급된 재료를 재료지급목록표와 비교, 확인하여 부족하거나 상태가 다르거나 누락된 식재료에 대한 파악을 철저히 한 후 이상이 있을 시에 진행요원에게 그 사실을 알려 추가지급 받도록 한다.

⑥ 두 가지의 시험과제에 대한 요구사항과 유의사항을 꼼꼼히 확인하여 정해진 시간 안에 완성품을 제출한다.

⑦ 완성된 작품은 시험장에서 요구하는 완성접시에 꼭 담아내지 않으면 실격처리된다.

⑧ 정해진 요구작품을 제한시간을 초과하여 제출할 경우 실격된다.

⑨ 요구작품이 두 가지인 경우, 한 가지 작품만 만들었을 때에는 채점대상에서 제외된다.

⑩ 시험장에 지급된 재료 이외의 재료를 사용하거나, 작업 도중 음식의 간을 보지 않는다.

⑪ 불을 사용하여 만든 조리작품이 익지 않은 경우 채점대상에서 제외된다.

⑫ 요구작품을 완성시켜 제한시간 내에 제출한 후 자신이 사용한 조리기구, 조리대, 가스레인지, 개수대를 깨끗이 정리정돈하지 않으면 위생 점수에서 감점 처리된다.

⑬ 수험생은 시험이 종료되어 시험장에서 퇴실할 경우 자신이 사용한 음식물 쓰레기봉투는 출구 쪽의 음식물 쓰레기통에 반드시 버려야 감점 처리가 되지 않는다.

⑭ 수험생은 시험을 보는 도중에 심사위원이나 진행요원, 보조요원에게 말을 하면 안 된다.

⑮ 수험생이 시험을 보는 도중에 주위 사람의 작품을 보거나 책을 보는 등의 부정행위를 할 경우, 앞으로 국가기술자격검정에서 2년 동안 시험응시의 제한이라는 불이익을 당할 수 있다.

2) 수험 준비물(공통)

① 수험표와 신분증 : 수험생의 본인 확인을 위한 수험표와 신분증을 반드시 지참해 간다.

② 위생복, 위생모, 앞치마, 마스크 : 수험생은 위생상 흰색의 위생복, 위생모, 앞치마, 마스크를 착용해야 하며, 미착용 시 채점대상에서 제외된다. 특정교육기관을 상징하는 로고나 상호는 청색테이프로 가려서 채점의 공평성에 저해가 되지 않도록 해야 한다.

③ 바지 및 신발 : 수험생들은 가급적이면 치마나 청바지가 아닌 조리복장에 적합한 면바지의 착용을 권장하며, 신발은 하이힐이나 운동화가 아닌 가급적이면 주방 안전화를 신는 것이 바람직하다.

④ 조리용 칼 : 수험생이 사용하는 칼의 종류 및 개수는 제한이 없지만, 가급적이면 조리목적에 적합한 칼을 선택하여 안전하게 사용할 수 있도록 한다.

⑤ 행주, 면포(거즈) 및 위생타월 : 수험생이 지참하는 행주, 면포(거즈) 및 위생타월은 위생상 흰색의 색상으로 되어 있는 것을 사용해야 한다. 또한, 음식물의 수분 제거 및 핏물 제거는 가급적이면 행주가 아닌 면포(거즈)나 위생타월로 하여 조리위생에서 감점을 받지 않도록 한다.

⑥ 음식물봉투 : 수험생은 흰색 비닐봉지를 지참하여 개수대의 수도꼭지에 매달아서 일반음식물 쓰레기와 위생타월을 담아서 조리위생상 청결을 유지해야 한다. 또한 복어조리기능사 실기시험을 보는 수험생은 반드시 흰색 비닐봉지 외에도 검은색 비닐봉지를 준비하여 복어의 유독한 내장부위는 따로 버려야 한다.

⑦ 상비의약품 : 수험생은 손가락 골무, 밴드 등으로 조리과정에서 발생할 수 있는 가벼운 상처를 치료할 수 있어야 한다.

⑧ 검정 볼펜 : 복어조리기능사 실기 1과제(복어부위감별)에서 필요하므로 준비하도록 한다.

3) 일식조리기능사 실기시험 지참공구 안내

조리용 가위, 강판(플라스틱), 계량컵 & 스푼, 공기(소), 국대접(소), 국자, 믹싱볼 1개, 김발 1개, 달걀말이 프라이팬(사각), 랩, 호일, 면포(거즈), 키친타월, 쇠꼬챙이(생선구이용), 숟가락, 젓가락, 비닐봉지, 위생모, 위생복, 앞치마, 마스크, 체, 프라이팬(지름 18cm), 냄비(지름 16cm), 도마, 뒤집개, 상비의약품, 이쑤시개, 접시, 종이컵, 종지, 주걱, 집게, 칼(조리용, 칼집포함)

4) 복어조리기능사 실기시험 지참공구 안내

나무도마(大), 강판(플라스틱), 계량컵 & 스푼, 공기(소), 국대접(소), 믹싱볼 1개, 면포(거즈), 키친타월, 젓가락, 숟가락, 비닐봉지, 위생모, 위생복, 앞치마, 마스크, 체, 칼(조리용, 칼집포함), 가위, 냄비, 접시, 종지, 국자, 주걱, 집게, 종이컵, 랩, 호일, 이쑤시개, 상비의약품, 볼펜(검정색), 수정테이프(수정액 제외)

5) 국가기술자격시험 응시자격 및 수험절차 안내

⑴ 응시자격

① 조리기능장

다음 각 호의 어느 하나에 해당하는 사람

1. 응시하려는 종목이 속하는 동일 및 유사 직무분야의 산업기사 또는 기능사 자격을 취득한 후 「근로자직업능력 개발법」에 따라 설립된 기능대학의 기능장과정을 마친 이수자 또는 그 이수예정자

2. 산업기사 등급 이상의 자격을 취득한 후 응시하려는 종목이 속하는 동일 및 유사 직무분야에서 5년 이상 실무에 종사한 사람

3. 기능사 자격을 취득한 후 응시하려는 종목이 속하는 동일 및 유사 직무분야에서 7년 이상 실무에 종사한 사람

4. 응시하려는 종목이 속하는 동일 및 유사 직무분야에서 9년 이상 실무에 종사한 사람

5. 응시하려는 종목이 속하는 동일 및 유사직무분야의 다른 종목의 기능장 등급의 자격을 취득한 사람

6. 외국에서 동일한 종목에 해당하는 자격을 취득한 사람

② 조리산업기사

다음 각 호의 어느 하나에 해당하는 사람

1. 기능사 등급 이상의 자격을 취득한 후 응시하려는 종목이 속하는 동일 및 유사 직무분야에 1년 이상 실무에 종사한 사람
2. 응시하려는 종목이 속하는 동일 및 유사 직무분야의 다른 종목의 산업기사 등급 이상의 자격을 취득한 사람
3. 관련학과의 2년제 또는 3년제 전문대학졸업자 등 또는 그 졸업예정자
4. 관련학과의 대학졸업자 등 또는 그 졸업예정자
5. 동일 및 유사 직무분야의 산업기사 수준 기술훈련과정 이수자 또는 그 이수예정자
6. 응시하려는 종목이 속하는 동일 및 유사 직무분야에서 2년 이상 실무에 종사한 사람
7. 고용노동부령으로 정하는 기능경기대회 입상자
8. 외국에서 동일한 종목에 해당하는 자격을 취득한 사람

③ 조리기능사 : 응시자격 제한이 없음

(2) 수험원서 교부 및 접수

① 원서접수 : 인터넷 온라인접수(www.q-net.or.kr)
② 원서접수기간 : 정시접수(연 4회)

(3) 필기시험 유효기간

① 필기시험 합격 후 합격 발표일로부터 2년까지 필기시험이 유효함

Japanese Cuisine

제2장
일본요리 실기

갑오징어명란무침

(いかのさくらあえ | 이카노 사쿠라아에)

시험시간
20분

지급재료

갑오징어몸살 70g, 명란젓 40g, 무순 10g, 청주 30㎖, 소금(정제염) 2g, 청차조기잎
(시소, 깻잎으로 대체 가능) 1장

만드는 법

❶ 모든 재료의 확인 및 분리 후 무순과 청차조기잎은 찬물에 담가둔다.

❷ 갑오징어는 몸통 양쪽의 껍질을 벗겨낸 후 포를 뜨고 가늘게 채썰어 준다.

❸ 따뜻한 물에 청주와 소금을 넣고 갑오징어가 익지 않게 살짝 데쳐 찬물에 식혀 체에 밭쳐둔다.

❹ 명란젓은 반으로 칼집을 넣어 칼등으로 속의 알을 긁어낸다.

❺ 데친 갑오징어와 명란알에 청주와 소금으로 간을 하여 젓가락으로 잘 어우러지도록 버무린다.

❻ 완성그릇에 청차조기잎을 놓고 갑오징어명란무침을 소복이 담으며, 무순으로 장식한다.

- 마른 면포, 꼬치 등을 이용해서 겉껍질과 속껍질을 완전히 벗겨내 최대한 가늘게 채썬다.
- 채썬 오징어는 따뜻한 온도에서 살짝 데쳐 찬물에 식힌 후 체에 밭쳐 물기를 제거한다.
- 명란젓은 반으로 칼집을 넣어 칼등으로 알만 살살 긁어낸 후 사용한다.
- 갑오징어와 명란알은 3 : 1의 비율로 서로 잘 어우러지게 버무린다.
- 갑오징어의 채썰어 놓은 정도와 데친 상태, 서로의 조화로움에 중점을 둔다.

※ **주어진 재료를 사용하여 갑오징어명란무침을 만드시오.**

㉮ 명란젓은 껍질을 제거하고 알만 사용하시오.

㉯ 갑오징어는 속껍질을 제거하여 사용하시오.

㉰ 갑오징어를 두께 0.3cm 정도로 채썰어 청주를 넣은 물에 데쳐 사용하시오.

유의사항

❶ 만드는 순서에 유의하며, 위생과 숙련된 기능평가를 위하여 조리작업 시 맛을 보지 않습니다.

❷ 지정된 수험자 지참준비물 이외의 조리기구나 재료를 시험장 내에 지참할 수 없습니다.

❸ 지급재료는 시험 전 확인하여 이상이 있을 경우 시험위원으로부터 조치를 받고 시험 중에는 재료의 교환 및 추가지급은 하지 않습니다.

❹ 요구사항 및 지급재료의 규격은 "정도"의 의미를 포함하며, 재료의 크기에 따라 가감하여 채점됩니다.

❺ 위생복, 위생모, 앞치마, 마스크를 착용하여야 하며, 시험장비 · 조리기구 취급 등 안전에 유의합니다.

❻ 다음 사항은 실격에 해당하여 채점 대상에서 제외됩니다.

　가) 수험자 본인이 시험 도중 시험에 대한 포기 의사를 표현하는 경우

　나) 실격

　나) 위생복, 위생모, 앞치마, 마스크를 착용하지 않은 경우

　다) 시험시간 내에 과제 두 가지를 제출하지 못한 경우

　라) 문제의 요구사항대로 과제의 수량이 만들어지지 않은 경우

　마) 구이를 조림 등으로 조리하여 완성품을 요구사항과 다르게 만든 경우

　바) 불을 사용하여 만든 조리작품이 작품특성에 벗어나는 정도로 타거나 익지 않은 경우

　사) 해당 과제의 지급재료 이외 재료를 사용하거나 석쇠 등 요구사항의 조리기구를 사용하지 않은 경우

　아) 지정된 수험자 지참준비물 이외의 조리기구를 조리에 사용한 경우

　자) 가스레인지 화구 2개 이상(2개 포함) 사용한 경우

　차) 시험 중 시설 · 장비(칼, 가스레인지 등) 사용 시 시험위원 및 타 수험자의 시험 진행에 위해를 일으킬 것으로 시험위원 전원이 합의하여 판단한 경우

　카) 요구사항에 표시된 실격 및 부정행위에 해당하는 경우

❼ 항목별 배점은 위생상태 및 안전관리 5점, 조리기술 30점, 작품의 평가 15점입니다.

❽ 시험시작 전 가벼운 몸 풀기(스트레칭) 동작으로 긴장을 풀고 시험을 시작합니다.

학습평가

학습내용	평가항목	성취수준		
		상	중	하
무침 재료 준비	식재료를 기초 손질할 수 있다.			
	무침 양념을 준비할 수 있다.			
	곁들임 재료를 준비할 수 있다.			
무침 조리	식재료를 전처리할 수 있다.			
	무침 양념을 만들 수 있다.			
	식재료와 무침 양념을 용도에 맞게 무쳐낼 수 있다.			
무침 완성	용도에 맞는 기물을 선택할 수 있다.			
	제공 직전에 무쳐낼 수 있다.			
	색상에 맞게 담아낼 수 있다.			

작품사진

(실습 작품 첨부)

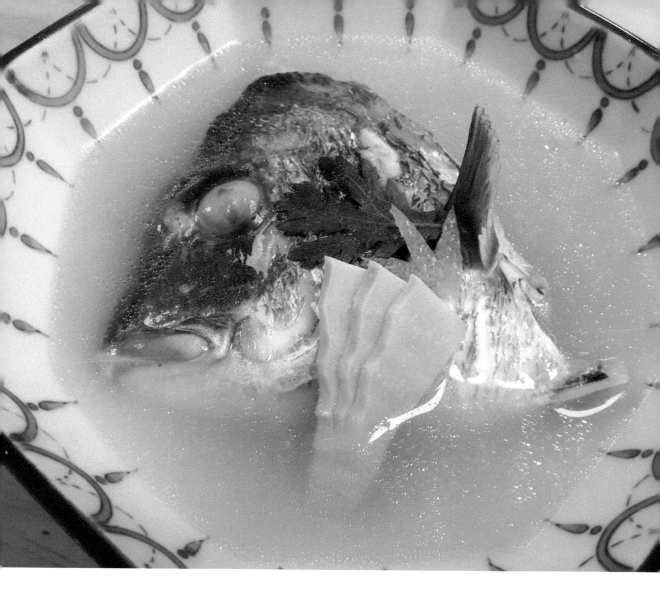

도미머리맑은국

(たいの吸物 | 다이노 스이모노)

시험시간
30분

지급재료

도미(200~250g, 도미과제 중복 시 두 가지 과제에 도미 1마리 지급) 1마리, 대파(흰부분 10cm) 1토막, 죽순 30g, 건다시마(5×10cm) 1장, 소금(정제염) 20g, 국간장(진간장 대체 가능) 5㎖, 레몬 1/4개, 청주 5㎖

만드는 법

❶ 모든 재료는 확인하고 분리한 후 죽순은 석회질을 제거하고 끓는 물에 삶아 찬물에 식혀 놓는다.

❷ 도미는 비늘을 벗기고 아가미와 내장을 제거한 후 깨끗이 씻고 머리와 몸통을 잘라낸다.

❸ 도미 머리는 절반으로 정확히 잘라 피와 점액질을 제거하고 소금을 골고루 뿌려준다.

❹ 도미를 끓는 물에 살짝 데친 후 찬물에 헹궈 비늘과 불순물을 완전히 제거한다.

❺ 죽순은 빗살모양으로 0.2cm 두께로 잘라 준비하고, 레몬은 오리발 모양을 만든다.

❻ 대파는 흰 부분만 세로로 최대한 얇게 자르고 찬물에 여러 차례 헹군 후 물에 담가둔다.

❼ 냄비에 찬물 두 컵과 젖은 면포로 닦은 다시마와 도미 머리를 넣고 한 번 끓으면 약한 불로 줄여 거품을 제거한 후 다시마를 건지고 도미가 익으면 건져서 완성그릇에 담아낸다.

❽ 도미 머리의 국물은 면포에 맑게 거르고 청주 1ts, 소금 1/4ts, 국간장을 약간 넣어 맛을 내며 한번 끓인다.

❾ 완성그릇의 도미 머리 위에 죽순을 올린 후 국물을 8부 정도 붓고 대파채와 오리발 모양 레몬 껍질을 올려준다.

핵심

- 도미를 손질할 때 교차오염이 일어나지 않도록 위생적이고 신속하게 손질할 수 있어야 한다.
- 도미 머리는 두 앞니 사이로 데바칼을 넣어 정확히 절반으로 갈라낸다.
- 도미를 손질한 후 소금을 뿌려주면 살이 단단해지고 비린내를 제거할 수 있다.
- 도미를 장시간 물에 담가두면 살이 부서지고 좋은 맛성분이 용출되므로 주의한다.
- 강한 불에서 장시간 끓이거나 거품을 제거하지 않으면 국물이 탁해지므로 주의한다.
- 완성그릇에 도미 머리는 왼쪽 방향을 향하도록 담고 껍질이 위로 보이도록 담는다.
- 대파는 최대한 얇게 자르고 찬물에 수회 헹궈 강한 맛을 연하게 한 후 물기를 제거해서 사용한다.

※ **주어진 재료를 사용하여 도미머리맑은국을 만드시오.**

㉮ 도미 머리 부분을 반으로 갈라 50~60g 크기로 사용하시오.(단, 도미는 머리만 사용하여야 하고, 도미 몸통(살) 사용할 경우 실격 처리)

㉯ 소금을 뿌려 놓았다가 끓는 물에 데쳐 손질하시오.

㉰ 다시마와 도미 머리를 넣어 은근하게 국물을 만들어 간하시오.

㉱ 대파의 흰 부분은 가늘게 채(시라가네기)썰어 사용하시오.

㉲ 간을 하여 각 곁들일 재료를 넣어 국물을 부어 완성하시오.

유의사항

❶ 만드는 순서에 유의하며, 위생과 숙련된 기능평가를 위하여 조리작업 시 맛을 보지 않습니다.

❷ 지정된 수험자 지참준비물 이외의 조리기구나 재료를 시험장 내에 지참할 수 없습니다.

❸ 지급재료는 시험 전 확인하여 이상이 있을 경우 시험위원으로부터 조치를 받고 시험 중에는 재료의 교환 및 추가지급은 하지 않습니다.

❹ 요구사항 및 지급재료의 규격은 "정도"의 의미를 포함하며, 재료의 크기에 따라 가감하여 채점됩니다.

❺ 위생복, 위생모, 앞치마, 마스크를 착용하여야 하며, 시험장비 · 조리기구 취급 등 안전에 유의합니다.

❻ 다음 사항은 실격에 해당하여 채점 대상에서 제외됩니다.

　가) 수험자 본인이 시험 도중 시험에 대한 포기 의사를 표현하는 경우

　나) 실격

　나) 위생복, 위생모, 앞치마, 마스크를 착용하지 않은 경우

　다) 시험시간 내에 과제 두 가지를 제출하지 못한 경우

　라) 문제의 요구사항대로 과제의 수량이 만들어지지 않은 경우

　마) 구이를 조림 등으로 조리하여 완성품을 요구사항과 다르게 만든 경우

　바) 불을 사용하여 만든 조리작품이 작품특성에 벗어나는 정도로 타거나 익지 않은 경우

　사) 해당 과제의 지급재료 이외 재료를 사용하거나 석쇠 등 요구사항의 조리기구를 사용하지 않은 경우

　아) 지정된 수험자 지참준비물 이외의 조리기구를 조리에 사용한 경우

　자) 가스레인지 화구 2개 이상(2개 포함) 사용한 경우

　차) 시험 중 시설 · 장비(칼, 가스레인지 등) 사용 시 시험위원 및 타 수험자의 시험 진행에 위해를 일으킬 것으로 시험위원 전원이 합의하여 판단한 경우

　카) 요구사항에 표시된 실격 및 부정행위에 해당하는 경우

❼ 항목별 배점은 위생상태 및 안전관리 5점, 조리기술 30점, 작품의 평가 15점입니다.

❽ 시험시작 전 가벼운 몸 풀기(스트레칭) 동작으로 긴장을 풀고 시험을 시작합니다.

학습평가

학습내용	평가항목	성취수준		
		상	중	하
국물요리용 재료 준비	주재료를 손질하고 다듬을 수 있다.			
	부재료를 손질할 수 있다.			
	향미 재료를 손질할 수 있다.			
맛국물 조리	물의 온도에 따라 국물 재료를 넣는 시점을 조절할 수 있다.			
	국물 재료의 종류에 따라 불의 세기를 조절할 수 있다.			
	국물 재료의 종류에 따라 우려내는 시간을 조절할 수 있다.			
국물요리 조리하여 완성	맛국물을 조리할 수 있다.			
	주재료와 부재료를 조리할 수 있다.			
	향미 재료를 첨가하여 국물요리를 완성할 수 있다.			

작품사진

(실습 작품 첨부)

대합맑은국

(蛤の淸し汁 | 하마구리노 스마시지루)

시험시간
20분

지급재료

백합조개(개당 40g, 5cm 내외) 2개, 쑥갓 10g, 레몬 1/4개, 청주 5㎖, 소금(정제염) 10g, 국간장(진간장 대체 가능) 5㎖, 건다시마(5×10cm) 1장

만드는 법

❶ 모든 재료를 확인 및 분리한 후 쑥갓은 찬물에 담가둔다.

❷ 백합조개는 선도가 좋은지 확인하고 소금물에 담가 해감한다.

❸ 레몬의 껍질을 잘 오려내 오리발(단풍잎) 모양으로 만든다.

❹ 냄비에 찬물 두 컵과 젖은 면포로 닦은 다시마와 대합을 넣고 한번 끓으면 약한 불로 줄여 거품을 제거한 후 다시마를 건지고 대합은 입을 벌리면 건져낸다.

❺ 건져낸 대합의 한쪽 껍질은 제거하고 관자에서 살을 분리하여 조개 살이 있는 쪽만 완성그릇에 담는다.

❻ 대합국물은 면포에 맑게 거르고 청주 1ts, 소금 1/3ts, 진간장을 약간 넣어 맛을 내며 한번 끓인다.

❼ 대합을 담은 그릇에 대합국물을 8부 정도 붓고, 쑥갓잎과 오리발 모양 레몬 껍질을 올려준다.

- 대합은 서로 부딪혀보아 맑은 소리가 나면 싱싱한 것이다.
- 강한 불에서 장시간 끓이면 국물이 탁해지고 대합도 질겨지므로 약한 불에서 단시간에 끓여 맑은 국물이 나오도록 만들어준다.
- 대합을 끓일 때 대합이 충분히 물에 잠기지 않거나 너무 많은 양의 물을 붓고 조리하지 않도록 주의한다.
- 대합국물은 면포를 이용하여 불순물을 걸러 맑은 국물이 나오도록 해야 한다.
- 레몬 껍질로 오리발(단풍잎) 모양을 만들어 국물에 띄워주면 모양과 향을 좋게 해준다.
- 작품 제출 시 대합국물은 약간 싱거운 맛이 나고, 뜨거운 온도로 제출하여야 한다.

※ **주어진 재료를 사용하여 대합맑은국을 만드시오.**

㉮ 조개 상태를 확인한 후 해감하여 사용하시오.

㉯ 다시마와 백합조개를 넣어 끓으면 다시마를 건져내시오.

유의사항

❶ 만드는 순서에 유의하며, 위생과 숙련된 기능평가를 위하여 조리작업 시 맛을 보지 않습니다.

❷ 지정된 수험자 지참준비물 이외의 조리기구나 재료를 시험장 내에 지참할 수 없습니다.

❸ 지급재료는 시험 전 확인하여 이상이 있을 경우 시험위원으로부터 조치를 받고 시험 중에는 재료의 교환 및 추가지급은 하지 않습니다.

❹ 요구사항 및 지급재료의 규격은 "정도"의 의미를 포함하며, 재료의 크기에 따라 가감하여 채점됩니다.

❺ 위생복, 위생모, 앞치마, 마스크를 착용하여야 하며, 시험장비·조리기구 취급 등 안전에 유의합니다.

❻ 다음 사항은 실격에 해당하여 채점 대상에서 제외됩니다.

가) 수험자 본인이 시험 도중 시험에 대한 포기 의사를 표현하는 경우

나) 실격

나) 위생복, 위생모, 앞치마, 마스크를 착용하지 않은 경우

다) 시험시간 내에 과제 두 가지를 제출하지 못한 경우

라) 문제의 요구사항대로 과제의 수량이 만들어지지 않은 경우

마) 구이를 조림 등으로 조리하여 완성품을 요구사항과 다르게 만든 경우

바) 불을 사용하여 만든 조리작품이 작품특성에 벗어나는 정도로 타거나 익지 않은 경우

사) 해당 과제의 지급재료 이외 재료를 사용하거나 석쇠 등 요구사항의 조리기구를 사용하지 않은 경우

아) 지정된 수험자 지참준비물 이외의 조리기구를 조리에 사용한 경우

자) 가스레인지 화구 2개 이상(2개 포함) 사용한 경우

차) 시험 중 시설·장비(칼, 가스레인지 등) 사용 시 시험위원 및 타 수험자의 시험 진행에 위해를 일으킬 것으로 시험위원 전원이 합의하여 판단한 경우

카) 요구사항에 표시된 실격 및 부정행위에 해당하는 경우

❼ 항목별 배점은 위생상태 및 안전관리 5점, 조리기술 30점, 작품의 평가 15점입니다.

❽ 시험시작 전 가벼운 몸 풀기(스트레칭) 동작으로 긴장을 풀고 시험을 시작합니다.

학습평가

학습내용	평가항목	성취수준		
		상	중	하
국물요리용 재료 준비	주재료를 손질하고 다듬을 수 있다.			
	부재료를 손질할 수 있다.			
	향미 재료를 손질할 수 있다.			
맛국물 조리	물의 온도에 따라 국물 재료를 넣는 시점을 조절할 수 있다.			
	국물 재료의 종류에 따라 불의 세기를 조절할 수 있다.			
	국물 재료의 종류에 따라 우려내는 시간을 조절할 수 있다.			
국물요리 조리하여 완성	맛국물을 조리할 수 있다.			
	주재료와 부재료를 조리할 수 있다.			
	향미 재료를 첨가하여 국물요리를 완성할 수 있다.			

작품사진

(실습 작품 첨부)

된장국

(みそしる | 미소시루)

시험시간
20분

지급재료

일본된장 40g, 건다시마(5×10cm) 1장, 판두부 20g, 실파(1뿌리) 20g, 산초가루 1g,
가다랑어포(가쓰오부시) 5g, 건미역 5g, 청주 20㎖

만드는 법

❶ 모든 재료는 확인하고 분리하여 손질한다.

❷ 젖은 면포로 닦은 다시마는 찬물 두 컵 정도에 넣고 은근히 끓으면 다시마는 건져내고 가쓰오부시를 넣어 불을 끈 다음 5분 후에 면포로 맑게 걸러 다시(국물)를 만든다.

❸ 미역은 물에 불려 소금물에 데친 후 찬물에 식혀 2cm 정도로 자르고, 실파는 최대한 얇게 썰어 찬물에 헹군 후 물기를 빼둔다.

❹ 두부는 사방 1cm의 주사위 모양(사이노메기리)으로 썰어 소금물에 데친 후 찬물에 담가둔다.

❺ 냄비에 다시(국물)를 두 컵 정도 붓고 끓기 시작하면 된장 한 큰술을 체에 밭쳐 푼 후 끓어오르면 거품을 제거하고 청주를 넣어 맛을 내준다.

❻ 완성 국그릇에 두부와 미역을 담고 된장국물을 8부 정도 부은 후 실파와 산초가루를 뿌려준다.

 핵심

- 다시(국물)는 적은 양을 만들기 때문에 약한 불에서 맛과 향이 우러나오도록 만든다. 단, 오래 끓이지는 않는다.
- 미역은 줄기를 제거하고 장시간 데쳐서 흐물흐물해지지 않도록 주의한다.
- 실파는 매운맛을 제거하도록 찬물에 담가둔 후 물기를 제거해 준다.
- 냄비에 다시와 된장을 풀고 끓으면 바로 불을 꺼서 완성해야 된장향이 사라지지 않고 텁텁한 맛도 방지할 수 있다.

※ **주어진 재료를 사용하여 된장국을 만드시오.**

㉮ 다시마와 가다랑어포(가쓰오부시)로 가다랑어국물(가쓰오다시)을 만드시오.

㉯ 1cm×1cm×1cm로 썬 두부와 미역은 데쳐 사용하시오.

㉰ 된장을 풀어 한소끔 끓여내시오.

유의사항

❶ 만드는 순서에 유의하며, 위생과 숙련된 기능평가를 위하여 조리작업 시 맛을 보지 않습니다.

❷ 지정된 수험자 지참준비물 이외의 조리기구나 재료를 시험장 내에 지참할 수 없습니다.

❸ 지급재료는 시험 전 확인하여 이상이 있을 경우 시험위원으로부터 조치를 받고 시험 중에는 재료의 교환 및 추가지급은 하지 않습니다.

❹ 요구사항 및 지급재료의 규격은 "정도"의 의미를 포함하며, 재료의 크기에 따라 가감하여 채점됩니다.

❺ 위생복, 위생모, 앞치마, 마스크를 착용하여야 하며, 시험장비·조리기구 취급 등 안전에 유의합니다.

❻ 다음 사항은 실격에 해당하여 채점 대상에서 제외됩니다.

가) 수험자 본인이 시험 도중 시험에 대한 포기 의사를 표현하는 경우

나) 실격

나) 위생복, 위생모, 앞치마, 마스크를 착용하지 않은 경우

다) 시험시간 내에 과제 두 가지를 제출하지 못한 경우

라) 문제의 요구사항대로 과제의 수량이 만들어지지 않은 경우

마) 구이를 조림 등으로 조리하여 완성품을 요구사항과 다르게 만든 경우

바) 불을 사용하여 만든 조리작품이 작품특성에 벗어나는 정도로 타거나 익지 않은 경우

사) 해당 과제의 지급재료 이외 재료를 사용하거나 석쇠 등 요구사항의 조리기구를 사용하지 않은 경우

아) 지정된 수험자 지참준비물 이외의 조리기구를 조리에 사용한 경우

자) 가스레인지 화구 2개 이상(2개 포함) 사용한 경우

차) 시험 중 시설·장비(칼, 가스레인지 등) 사용 시 시험위원 및 타 수험자의 시험 진행에 위해를 일으킬 것으로 시험위원 전원이 합의하여 판단한 경우

카) 요구사항에 표시된 실격 및 부정행위에 해당하는 경우

❼ 항목별 배점은 위생상태 및 안전관리 5점, 조리기술 30점, 작품의 평가 15점입니다.

❽ 시험시작 전 가벼운 몸 풀기(스트레칭) 동작으로 긴장을 풀고 시험을 시작합니다.

학습평가

학습내용	평가항목	성취수준		
		상	중	하
국물요리용 재료 준비	주재료를 손질하고 다듬을 수 있다.			
	부재료를 손질할 수 있다.			
	향미 재료를 손질할 수 있다.			
맛국물 조리	물의 온도에 따라 국물 재료를 넣는 시점을 조절할 수 있다.			
	국물 재료의 종류에 따라 불의 세기를 조절할 수 있다.			
	국물 재료의 종류에 따라 우려내는 시간을 조절할 수 있다.			
국물요리 조리하여 완성	맛국물을 조리할 수 있다.			
	주재료와 부재료를 조리할 수 있다.			
	향미 재료를 첨가하여 국물요리를 완성할 수 있다.			

작품사진

(실습 작품 첨부)

도미조림

(たいのあら焚き | 다이노 아라다키)

지급재료

도미(200~250g) 1마리, 우엉 40g, 꽈리고추(2개) 30g, 통생강 30g, 백설탕 60g, 청주 50㎖, 진간장 90㎖, 소금(정제염) 5g, 건다시마(5×10cm) 1장, 맛술(미림) 50㎖

＊조림소스
다시(도미가 잠길 정도) 2C, 청주 5Ts, 설탕 3Ts, 진간장 3Ts

만드는 법

❶ 모든 재료는 확인하고 분리한다.

❷ 젖은 면포로 닦은 다시마는 찬물 3컵 정도에 넣고 은근히 끓으면 다시마는 건져내고 불을 끈 후 식혀둔다.

❸ 도미는 비늘을 벗기고 아가미와 내장을 제거한 후 깨끗이 씻고 머리, 몸통, 꼬리로 세 등분하여 잘라낸다.

❹ 도미 머리는 절반으로 정확히 자르고 꼬리는 칼집을 넣은 후 지느러미 끝을 살린 모양을 내어 소금을 뿌려둔다.

❺ 우엉은 길이 5cm 정도의 나무젓가락 모양으로 썰어 다듬어주고, 생강은 얇게 저민 후 최대한 곱게 채썰어(하리쇼가) 찬물에 담가 놓는다.

❻ 끓는 물에 절여 놓았던 도미를 넣어 살짝 데친 후 찬물에 헹구며 비늘과 불순물들을 제거한다.

❼ 냄비에 도미와 우엉을 넣고 청주를 부어 끓으면 불을 붙여 알코올을 제거해 주고, 재료가 잠길 정도의 다시마 국물과 설탕을 넣은 후 냄비보다 작게 호일 뚜껑을 만들어 덮어 센 불로 조려준다.

❽ 호일 뚜껑을 열어 진간장을 넣어 조린 후 거의 조려지면 칼집 넣은 꽈리고추를 넣고 남아 있는 조림국물을 빠르게 끼얹어가며 조려준다.

❾ 그릇 위에 완성된 도미를 담고, 우엉과 꽈리고추를 하단에 세운 후 물기를 제거한 하리쇼가도 함께 곁들여준다.

핵심

- 다시마로 다시(국물)를 낼 때 너무 센 불에서 빨리 끓이면 맛과 향이 덜 용출되기 때문에 약한 불에서 시작하여 끓으면 다시마를 건져내어 불을 끄고 식혀낸다.
- 도미 머리는 두 앞니 사이로 데바칼을 넣어 정확히 절반으로 갈라낸다.
- 도미의 뼈와 가시, 비늘의 유무를 확인하여 완전히 제거하여야 한다.
- 우엉의 아린 맛을 제거하기 위해 찬물에 담가둔다.
- 생강은 얇게 저민 후 최대한 곱게 채썰고 전분의 아린 맛을 제거하기 위해 찬물에 수회 씻어주고 물에 담가둔다.
- 도미를 조릴 때 나무로 만든 뚜껑이나 쿠킹호일을 사용해서 조려야 재료에 양념이 골고루 배므로 뚜껑을 만들어 사용하면 좋다.
- 조림국물이 거의 조려질 때 꽈리고추를 넣어야 푸른색이 유지되고 숨이 죽지 않는다.
- 조림국물을 완전히 조려서 타지 않도록 주의하며 색상이 잘 나오도록 거의 조려준다.
- 그릇 위에 완성된 도미를 담을 때 껍질 쪽이 위를 향하고 살이 부서지지 않도록 세워서 담는다.

※ **주어진 재료를 사용하여 도미조림을 만드시오.**

㉮ 손질한 도미를 5~6cm로 자르고 머리는 반으로 갈라 소금을 뿌리시오.

㉯ 머리와 꼬리는 데친 후 불순물을 제거하시오.

㉰ 냄비에 안쳐 양념하여 조리하시오.

㉱ 완성 후 접시에 담고 생강채(하리쇼가)와 채소를 앞쪽에 담아내시오.

---

❶ 만드는 순서에 유의하며, 위생과 숙련된 기능평가를 위하여 조리작업 시 맛을 보지 않습니다.

❷ 지정된 수험자 지참준비물 이외의 조리기구나 재료를 시험장 내에 지참할 수 없습니다.

❸ 지급재료는 시험 전 확인하여 이상이 있을 경우 시험위원으로부터 조치를 받고 시험 중에는 재료의 교환 및 추가지급은 하지 않습니다.

❹ 요구사항 및 지급재료의 규격은 "정도"의 의미를 포함하며, 재료의 크기에 따라 가감하여 채점됩니다.

❺ 위생복, 위생모, 앞치마, 마스크를 착용하여야 하며, 시험장비 · 조리기구 취급 등 안전에 유의합니다.

❻ 다음 사항은 실격에 해당하여 채점 대상에서 제외됩니다.

　　가) 수험자 본인이 시험 도중 시험에 대한 포기 의사를 표현하는 경우

　　나) 실격

　　나) 위생복, 위생모, 앞치마, 마스크를 착용하지 않은 경우

　　다) 시험시간 내에 과제 두 가지를 제출하지 못한 경우

　　라) 문제의 요구사항대로 과제의 수량이 만들어지지 않은 경우

　　마) 구이를 조림 등으로 조리하여 완성품을 요구사항과 다르게 만든 경우

　　바) 불을 사용하여 만든 조리작품이 작품특성에 벗어나는 정도로 타거나 익지 않은 경우

　　사) 해당 과제의 지급재료 이외 재료를 사용하거나 석쇠 등 요구사항의 조리기구를 사용하지 않은 경우

　　아) 지정된 수험자 지참준비물 이외의 조리기구를 조리에 사용한 경우

　　자) 가스레인지 화구 2개 이상(2개 포함) 사용한 경우

　　차) 시험 중 시설 · 장비(칼, 가스레인지 등) 사용 시 시험위원 및 타 수험자의 시험 진행에 위해를 일으킬 것으로 시험위원 전원이 합의하여 판단한 경우

　　카) 요구사항에 표시된 실격 및 부정행위에 해당하는 경우

❼ 항목별 배점은 위생상태 및 안전관리 5점, 조리기술 30점, 작품의 평가 15점입니다.

❽ 시험시작 전 가벼운 몸 풀기(스트레칭) 동작으로 긴장을 풀고 시험을 시작합니다.

학습평가

학습내용	평가항목	성취수준		
		상	중	하
조림 재료 준비	생선을 재료의 특성에 맞게 손질할 수 있다.			
	두부, 채소, 버섯류를 재료의 특성에 맞게 손질할 수 있다.			
	메뉴에 따라 양념장을 준비할 수 있다.			
조림 조리	재료에 따라 조림 양념을 만들 수 있다.			
	식재료의 종류에 따라 불의 세기와 시간을 조절할 수 있다.			
	재료의 색상과 윤기가 살아나도록 조릴 수 있다.			
조림 요리 완성	조림의 특성에 따라 기물을 선택할 수 있다.			
	재료의 형태를 유지할 수 있다.			
	곁들임을 첨가하여 담아낼 수 있다.			

작품사진

(실습 작품 첨부)

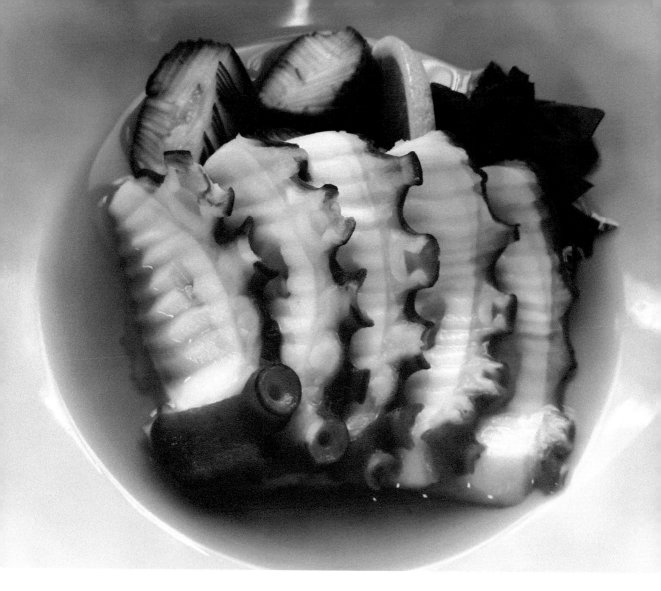

문어초회

(たこの酢の物 | 다코노 스노모노)

시험시간
20분

지급재료

문어다리(생문어, 80g) 1개, 건미역 5g, 레몬 1/4개, 오이(가늘고 곧은 것, 20cm) 1/2개, 소금(정제염) 10g, 식초 30㎖, 건다시마(5×10cm) 1장, 진간장 20㎖, 백설탕 10g, 가다랑어포(가쓰오부시) 5g

만드는 법

❶ 모든 재료는 확인하고 분리하여 손질하고 건미역은 물에 불려준다.

❷ 젖은 면포로 닦은 다시마는 찬물 두 컵 정도에 넣고 은근히 끓으면 다시마는 건져내고 가쓰오부시를 넣어 불을 끈 다음 5분 후에 면포로 맑게 걸러 다시(국물)를 만든다.

❸ 냄비에 다시 3큰술, 식초 2큰술, 진간장 1큰술, 설탕 1큰술을 넣어 살짝 끓여 식혀둔다.

❹ 문어는 소금으로 잘 문질러 이물질을 손질하여 씻어내고 끓는 물에 진간장을 약간 넣고 삶아 체에 밭쳐 식힌다.

❺ 오이는 양쪽 면을 2/3 정도의 깊이로 어슷하게 칼집을 촘촘히 넣은 후(자바라큐리) 바닷물 농도의 소금물에 절여둔다.

❻ 불린 미역은 소금을 약간 넣은 끓는 물에 살짝 데쳐 찬물에 헹궈서 체에 밭쳐 놓고, 레몬은 반달모양으로 잘라둔다.

❼ 오이는 칼집 넣은 반대방향으로 2cm 길이로 3쪽 자르고, 미역은 4~5cm 정도의 길이로 잘라 양념초간장(도사스)에 담가 살짝 짜준 후 그릇에 담아 놓는다.

❽ 문어는 껍질을 제거하고 4~5cm 정도의 길이로 칼을 어슷하게 물결모양썰기(하조기리)로 포를 떠준다.

❾ ⑦의 앞쪽에 자른 문어를 오른쪽에서 왼쪽으로 담고 레몬을 곁들여 양념초간장을 끼얹어 완성한다.

핵심

- 미역을 손질할 때 굵은 줄기는 제거하고 장시간 데쳐 물러지지 않도록 주의한다.
- 생문어는 소금으로 빨판을 잘 문질러 이물질을 손질하여 깨끗이 씻은 후 끓는 물에 진간장을 약간 넣어 5~10분 정도 냄비의 뚜껑을 열어 삶아준다(비린내 제거).
- 문어는 4~5cm 정도의 길이로 칼을 어슷하게 하여 물결모양썰기(하조기리)로 포를 떠주는 이유가 젓가락으로 잡기 편하게 하고 간장이 문어에 잘 묻어나게 하기 위해서다.
- 자바라큐리는 칼집을 2/3 정도의 깊이로 촘촘히 넣은 후 바닷물의 농도로 절여야 짜지 않게 된다.
- 양념초간장(도사스)은 설탕이 잘 녹을 수 있을 정도로만 살짝 끓여 찬물에 중탕으로 식혀준다.

※ **주어진 재료를 사용하여 문어초회를 만드시오.**

㉮ 가다랑어국물을 만들어 양념초간장(도사스)을 만드시오.

㉯ 문어는 삶아 4~5cm 길이로 물결모양썰기(하조기리)를 하시오.

㉰ 미역은 손질하여 4~5cm 크기로 사용하시오.

㉱ 오이는 둥글게 썰거나 줄무늬(자바라)썰기 하여 사용하시오.

㉲ 문어초회 접시에 오이와 문어를 담고 양념초간장(도사스)을 끼얹어 레몬으로 장식하시오.

❶ 만드는 순서에 유의하며, 위생과 숙련된 기능평가를 위하여 조리작업 시 맛을 보지 않습니다.

❷ 지정된 수험자 지참준비물 이외의 조리기구나 재료를 시험장 내에 지참할 수 없습니다.

❸ 지급재료는 시험 전 확인하여 이상이 있을 경우 시험위원으로부터 조치를 받고 시험 중에는 재료의 교환 및 추가지급은 하지 않습니다.

❹ 요구사항 및 지급재료의 규격은 "정도"의 의미를 포함하며, 재료의 크기에 따라 가감하여 채점됩니다.

❺ 위생복, 위생모, 앞치마, 마스크를 착용하여야 하며, 시험장비 · 조리기구 취급 등 안전에 유의합니다.

❻ 다음 사항은 실격에 해당하여 채점 대상에서 제외됩니다.

가) 수험자 본인이 시험 도중 시험에 대한 포기 의사를 표현하는 경우

나) 실격

나) 위생복, 위생모, 앞치마, 마스크를 착용하지 않은 경우

다) 시험시간 내에 과제 두 가지를 제출하지 못한 경우

라) 문제의 요구사항대로 과제의 수량이 만들어지지 않은 경우

마) 구이를 조림 등으로 조리하여 완성품을 요구사항과 다르게 만든 경우

바) 불을 사용하여 만든 조리작품이 작품특성에 벗어나는 정도로 타거나 익지 않은 경우

사) 해당 과제의 지급재료 이외 재료를 사용하거나 석쇠 등 요구사항의 조리기구를 사용하지 않은 경우

아) 지정된 수험자 지참준비물 이외의 조리기구를 조리에 사용한 경우

자) 가스레인지 화구 2개 이상(2개 포함) 사용한 경우

차) 시험 중 시설 · 장비(칼, 가스레인지 등) 사용 시 시험위원 및 타 수험자의 시험 진행에 위해를 일으킬 것으로 시험위원 전원이 합의하여 판단한 경우

카) 요구사항에 표시된 실격 및 부정행위에 해당하는 경우

❼ 항목별 배점은 위생상태 및 안전관리 5점, 조리기술 30점, 작품의 평가 15점입니다.

❽ 시험시작 전 가벼운 몸 풀기(스트레칭) 동작으로 긴장을 풀고 시험을 시작합니다.

학습평가

학습내용	평가항목	성취수준 상	중	하
초회 재료 준비	식재료를 기초 손질할 수 있다.			
	혼합초 재료를 준비할 수 있다.			
	곁들임 양념을 준비할 수 있다.			
초회 조리	식재료를 전처리할 수 있다.			
	혼합초를 만들 수 있다.			
	식재료와 혼합초의 비율을 용도에 맞게 조리할 수 있다.			
초회 완성	용도에 맞는 기물을 선택할 수 있다.			
	제공 직전에 무쳐낼 수 있다.			
	색상에 맞게 담아낼 수 있다.			

작품사진

(실습 작품 첨부)

해삼초회

(なまこの酢の物 | 나마코노 스노모노)

지급재료

해삼(fresh) 100g, 오이(가늘고 곧은 것, 20cm) 1/2개, 건미역 5g, 실파(1뿌리) 20g, 무 20g, 레몬 1/4개, 소금(정제염) 5g, 건다시마(5×10cm) 1장, 가다랑어포(가쓰오부시) 10g, 식초 15㎖, 진간장 15㎖, 고춧가루(고운 것) 5g

만드는 법

① 모든 재료는 확인하고 분리하여 손질하고 건미역은 물에 불려준다.

② 젖은 면포로 닦은 다시마는 찬물 두 컵 정도에 넣고 은근히 끓으면 다시마는 건져내고 가쓰오부시를 넣어 불을 끈 다음 5분 후에 면포로 맑게 걸러 다시(국물)를 만든다.

③ 오이는 양쪽 면에 2/3 정도의 깊이로 어슷하게 칼집을 촘촘히 넣은 후(자바라큐리) 바닷물 농도의 소금물에 절여둔다.

④ 해삼은 양쪽 끝을 자르고 배 쪽에 칼집을 넣어 내장을 빼낸 후 소금으로 문지르고 씻은 후 물기를 제거해 놓는다.

⑤ 불린 미역은 소금을 약간 넣은 끓는 물에 살짝 데쳐 찬물에 헹궈서 체에 받쳐 놓고, 레몬은 반달모양으로 잘라둔다.

⑥ 실파는 얇게 썰어 물에 헹궈 물기를 제거해 두고, 무는 강판에 갈아서 고춧가루 즙과 섞어 모미지오로시를 만들어 놓는다.

⑦ 다시 1Ts, 식초 1Ts, 진간장 1Ts을 혼합하여 폰즈를 만들어 놓는다.

⑧ 오이는 칼집 넣은 반대방향으로 2cm 길이로 3쪽 자르고, 미역은 4~5cm 정도의 길이로 잘라 양념초간장(도사스)에 담가 살짝 짜준 후 그릇에 담아 놓는다.

⑨ 손질한 해삼을 비스듬히 잘라 ⑧ 앞쪽에 보기 좋게 담는다.

⑩ 야쿠미(모미지오로시, 레몬, 실파)를 올리고 폰즈를 끼얹어 완성한다.

 핵심

- 미역을 손질할 때 굵은 줄기는 제거하고 장시간 데쳐 물러지지 않도록 주의한다.
- 자바라큐리는 칼집을 2/3 정도의 깊이로 촘촘히 넣은 후 바닷물의 농도에서 절여야 짜지 않게 된다.
- 생해삼이 축 늘어져 있을 경우 손바닥으로 몇 번 내려쳐서 탄력이 생길 때 손질하면 된다.
- 해삼은 내장과 모래가 없도록 손질하고 소금으로 문질러 힘줄(스지)을 제거해 준다.
- 양념초간장(도사스)은 설탕이 잘 녹을 수 있을 정도로만 살짝 끓여 찬물에 중탕으로 식혀준다.

※ **주어진 재료를 사용하여 해삼초회를 만드시오.**

㉮ 오이를 둥글게 썰거나 줄무늬(자바라)썰기 하여 사용하시오.

㉯ 미역을 손질하여 4~5cm로 써시오.

㉰ 해삼은 내장과 모래가 없도록 손질하고 힘줄(스지)을 제거하시오.

㉱ 빨간 무즙(아카오로시)과 실파를 준비하시오.

㉲ 초간장(폰즈)을 끼얹어 내시오.

유의사항

❶ 만드는 순서에 유의하며, 위생과 숙련된 기능평가를 위하여 조리작업 시 맛을 보지 않습니다.

❷ 지정된 수험자 지참준비물 이외의 조리기구나 재료를 시험장 내에 지참할 수 없습니다.

❸ 지급재료는 시험 전 확인하여 이상이 있을 경우 시험위원으로부터 조치를 받고 시험 중에는 재료의 교환 및 추가지급은 하지 않습니다.

❹ 요구사항 및 지급재료의 규격은 "정도"의 의미를 포함하며, 재료의 크기에 따라 가감하여 채점됩니다.

❺ 위생복, 위생모, 앞치마, 마스크를 착용하여야 하며, 시험장비 · 조리기구 취급 등 안전에 유의합니다.

❻ 다음 사항은 실격에 해당하여 채점 대상에서 제외됩니다.

가) 수험자 본인이 시험 도중 시험에 대한 포기 의사를 표현하는 경우

나) 실격

나) 위생복, 위생모, 앞치마, 마스크를 착용하지 않은 경우

다) 시험시간 내에 과제 두 가지를 제출하지 못한 경우

라) 문제의 요구사항대로 과제의 수량이 만들어지지 않은 경우

마) 구이를 조림 등으로 조리하여 완성품을 요구사항과 다르게 만든 경우

바) 불을 사용하여 만든 조리작품이 작품특성에 벗어나는 정도로 타거나 익지 않은 경우

사) 해당 과제의 지급재료 이외 재료를 사용하거나 석쇠 등 요구사항의 조리기구를 사용하지 않은 경우

아) 지정된 수험자 지참준비물 이외의 조리기구를 조리에 사용한 경우

자) 가스레인지 화구 2개 이상(2개 포함) 사용한 경우

차) 시험 중 시설 · 장비(칼, 가스레인지 등) 사용 시 시험위원 및 타 수험자의 시험 진행에 위해를 일으킬 것으로 시험위원 전원이 합의하여 판단한 경우

카) 요구사항에 표시된 실격 및 부정행위에 해당하는 경우

❼ 항목별 배점은 위생상태 및 안전관리 5점, 조리기술 30점, 작품의 평가 15점입니다.

❽ 시험시작 전 가벼운 몸 풀기(스트레칭) 동작으로 긴장을 풀고 시험을 시작합니다.

학습평가

학습내용	평가항목	성취수준		
		상	중	하
초회 재료 준비	식재료를 기초 손질할 수 있다.			
	혼합초 재료를 준비할 수 있다.			
	곁들임 양념을 준비할 수 있다.			
초회 조리	식재료를 전처리할 수 있다.			
	혼합초를 만들 수 있다.			
	식재료와 혼합초의 비율을 용도에 맞게 조리할 수 있다.			
초회 완성	용도에 맞는 기물을 선택할 수 있다.			
	제공 직전에 무쳐낼 수 있다.			
	색상에 맞게 담아낼 수 있다.			

작품사진

(실습 작품 첨부)

소고기덮밥

(牛肉のどんぶり | 규니쿠노 돈부리)

지급재료

쇠고기(등심) 60g, 양파(중, 150g) 1/3개, 실파(1뿌리) 20g, 팽이버섯 10g, 달걀 1개, 김 1/4장, 백설탕 10g, 진간장 15㎖, 건다시마(5×10cm) 1장, 맛술(미림) 15㎖, 소금(정제염) 2g, 밥(뜨거운 밥) 120g, 가다랑어포(가쓰오부시) 10g

만드는 법

❶ 모든 재료를 확인 및 분리 후 소고기는 핏물을 제거한다.

❷ 젖은 면포로 닦은 다시마는 찬물 두 컵 정도에 넣고 은근히 끓으면 다시마는 건져내고 가쓰오부시를 넣어 불을 끈 다음 5분 후에 면포로 맑게 걸러 1번다시를 만든다.

❸ 소고기는 결 반대로 얇게 편으로 자른다.

❹ 양파는 껍질을 제거하여 가늘게 채썰고, 팽이버섯은 밑동을 제거하여 3~4cm 정도의 길이로 자른다.

❺ 실파도 길이 3~4cm 정도로 자르고 김은 살짝 구워 얇게 채썬다(하리노리).

❻ 달걀은 알끈을 제거하고 부드럽게 잘 풀어 놓는다.

❼ 덮밥다시는 냄비에 다시 4큰술, 진간장 1큰술, 청주 1큰술, 설탕 1/2작은술을 넣고 한번 끓인 후 소고기를 넣어 익히면서 양파를 넣고 거품을 제거한다(아쿠누키).

❽ 팽이버섯과 실파를 넣고 풀어둔 달걀을 골고루 부어준다.

❾ 달걀이 반숙 정도 되면 불을 끈 후 모양이 흩어지지 않도록 조심스럽게 밥 위에 얹고, 김을 올려 완성한다.

핵심

- 다시마는 젖은 면포로 양면을 닦아낸 후에 사용한다.
- 다시(국물)는 적은 양을 만들기 때문에 약한 불에서 맛과 향이 우러나오도록 만든다. 단, 오래 끓이지는 않는다.
- 소고기는 기름기나 힘줄을 제거하여 사용한다.
- 덮밥다시는 밥을 촉촉이 적시는 정도의 양으로 담는다.
- 실파, 양파, 팽이버섯이 너무 무르게 익지 않도록 주의하고, 달걀은 반숙으로 익혀준다.
- 재료의 손질과 끓이는 방법, 달걀의 익은 정도에 중점을 두어 만든다.
- 소고기덮밥은 밥이 보이지 않도록 잘 담아 완성한다.

※ **주어진 재료를 사용하여 소고기덮밥을 만드시오.**
㉮ 덮밥용 양념간장(돈부리다시)을 만들어 사용하시오.
㉯ 고기, 채소, 달걀은 재료 특성에 맞게 조리하여 준비한 밥 위에 올려놓으시오.
㉰ 김을 구워 칼로 잘게 썰어(하리노리) 사용하시오.

유의사항

❶ 만드는 순서에 유의하며, 위생과 숙련된 기능평가를 위하여 조리작업 시 맛을 보지 않습니다.

❷ 지정된 수험자 지참준비물 이외의 조리기구나 재료를 시험장 내에 지참할 수 없습니다.

❸ 지급재료는 시험 전 확인하여 이상이 있을 경우 시험위원으로부터 조치를 받고 시험 중에는 재료의 교환 및 추가지급은 하지 않습니다.

❹ 요구사항 및 지급재료의 규격은 "정도"의 의미를 포함하며, 재료의 크기에 따라 가감하여 채점됩니다.

❺ 위생복, 위생모, 앞치마, 마스크를 착용하여야 하며, 시험장비·조리기구 취급 등 안전에 유의합니다.

❻ 다음 사항은 실격에 해당하여 채점 대상에서 제외됩니다.

　가) 수험자 본인이 시험 도중 시험에 대한 포기 의사를 표현하는 경우
　나) 실격
　나) 위생복, 위생모, 앞치마, 마스크를 착용하지 않은 경우
　다) 시험시간 내에 과제 두 가지를 제출하지 못한 경우
　라) 문제의 요구사항대로 과제의 수량이 만들어지지 않은 경우
　마) 구이를 조림 등으로 조리하여 완성품을 요구사항과 다르게 만든 경우
　바) 불을 사용하여 만든 조리작품이 작품특성에 벗어나는 정도로 타거나 익지 않은 경우
　사) 해당 과제의 지급재료 이외 재료를 사용하거나 석쇠 등 요구사항의 조리기구를 사용하지 않은 경우
　아) 지정된 수험자 지참준비물 이외의 조리기구를 조리에 사용한 경우
　자) 가스레인지 화구 2개 이상(2개 포함) 사용한 경우
　차) 시험 중 시설·장비(칼, 가스레인지 등) 사용 시 시험위원 및 타 수험자의 시험 진행에 위해를 일으킬 것으로 시험위원 전원이 합의하여 판단한 경우
　카) 요구사항에 표시된 실격 및 부정행위에 해당하는 경우

❼ 항목별 배점은 위생상태 및 안전관리 5점, 조리기술 30점, 작품의 평가 15점입니다.

❽ 시험시작 전 가벼운 몸 풀기(스트레칭) 동작으로 긴장을 풀고 시험을 시작합니다.

학습평가

학습내용	평가항목	성취수준		
		상	중	하
맛국물 내기	맛국물을 낼 수 있다.			
기물과 고명의 선택	메뉴에 맞게 기물을 선택할 수 있다.			
	밥에 맛국물을 넣고 고명을 선택할 수 있다.			
덮밥용 맛국물과 양념간장 만들기	덮밥용 맛국물을 만들 수 있다.			
	덮밥용 양념간장을 만들 수 있다.			
덮밥 재료에 따른 소스 조리	덮밥 재료에 따른 소스를 조리하여 덮밥을 만들 수 있다.			
용도별 재료 손질	덮밥의 재료를 용도에 맞게 손질할 수 있다.			
재료의 조리와 담기, 고명 곁들이기	맛국물에 튀기거나 익힌 재료를 넣고 조리할 수 있다.			
	밥 위에 조리된 재료를 놓고 고명을 곁들일 수 있다.			

작품사진

(실습 작품 첨부)

우동볶음

(焼きうどん | 야키우동)

지급재료

우동 150g, 작은 새우(껍질 있는 것) 3마리, 갑오징어몸살(물오징어 대체 가능) 50g, 양파(중, 150g) 1/8개, 숙주 80g, 생표고버섯 1개, 당근 50g, 청피망(중, 75g) 1/2개, 가다랑어포(하나가쓰오, 고명용) 10g, 청주 30㎖, 진간장 15㎖, 맛술(미림) 15㎖, 식용유 15㎖, 참기름 5㎖, 소금 5g

만드는 법

❶ 모든 재료는 확인하고 분리한 후 깨끗이 씻어 놓는다.

❷ 새우는 껍질을 제거하고 꼬치를 사용하여 등 부위에 들어 있는 내장을 빼준다.

❸ 갑오징어는 겉과 속껍질을 벗긴 후 양쪽에 칼집을 비스듬히 넣어 솔방울 무늬가 되도록 만들어 1cm×4cm 정도로 썰어둔다.

❹ 끓는 물에 새우와 갑오징어를 살짝 데쳐 식혀놓고, 우동도 넣어 풀어지면 찬물에 씻어 체에 받쳐 놓는다.

❺ 당근과 청피망은 손질하여 1cm×4cm 정도의 크기로 자르고, 생표고버섯은 기둥을 제거하고 얇게 채썬다.

❻ 양파도 1cm×4cm 정도로 썰고, 숙주는 머리와 꼬리를 떼어 손질해 놓는다.

❼ 달구어진 팬에 식용유를 두르고 갑오징어, 새우, 우동을 넣고 볶다가 표고버섯, 당근, 청피망, 양파, 숙주를 넣고 볶으면서 청주, 소금, 진간장, 맛술(미림)을 넣어 맛을 내고 참기름으로 마무리한다.

❽ 가다랑어포(하나가쓰오)를 고명으로 얹어 완성한다.

핵심

- 갑오징어는 양쪽에 비스듬하고 촘촘하게 사선으로 칼집을 넣어야 오므라드는 것을 방지할 수 있다.
- 우동을 끓는 물에 넣자마자 젓가락으로 강하게 풀어버리면 면이 끊어지므로 주의한다.
- 모든 재료는 볶은 후에 같은 크기가 될 수 있도록 감안하여 잘라준다.
- 채소의 씹힘성을 향상시키기 위해 센 불로 단시간에 볶아준다.

※ **주어진 재료를 사용하여 우동볶음(야키우동)을 만드시오.**

㉮ 새우는 껍질과 내장을 제거하고 사용하시오.

㉯ 오징어는 솔방울 무늬로 칼집을 넣어 1cm×4cm 크기로 썰어서 데쳐 사용하시오.

㉰ 우동은 데쳐서 사용하시오.

㉱ 가다랑어포(하나가쓰오)를 고명으로 얹으시오.

❶ 만드는 순서에 유의하며, 위생과 숙련된 기능평가를 위하여 조리작업 시 맛을 보지 않습니다.

❷ 지정된 수험자 지참준비물 이외의 조리기구나 재료를 시험장 내에 지참할 수 없습니다.

❸ 지급재료는 시험 전 확인하여 이상이 있을 경우 시험위원으로부터 조치를 받고 시험 중에는 재료의 교환 및 추가지급은 하지 않습니다.

❹ 요구사항 및 지급재료의 규격은 "정도"의 의미를 포함하며, 재료의 크기에 따라 가감하여 채점됩니다.

❺ 위생복, 위생모, 앞치마, 마스크를 착용하여야 하며, 시험장비·조리기구 취급 등 안전에 유의합니다.

❻ 다음 사항은 실격에 해당하여 채점 대상에서 제외됩니다.

가) 수험자 본인이 시험 도중 시험에 대한 포기 의사를 표현하는 경우

나) 실격

나) 위생복, 위생모, 앞치마, 마스크를 착용하지 않은 경우

다) 시험시간 내에 과제 두 가지를 제출하지 못한 경우

라) 문제의 요구사항대로 과제의 수량이 만들어지지 않은 경우

마) 구이를 조림 등으로 조리하여 완성품을 요구사항과 다르게 만든 경우

바) 불을 사용하여 만든 조리작품이 작품특성에 벗어나는 정도로 타거나 익지 않은 경우

사) 해당 과제의 지급재료 이외 재료를 사용하거나 석쇠 등 요구사항의 조리기구를 사용하지 않은 경우

아) 지정된 수험자 지참준비물 이외의 조리기구를 조리에 사용한 경우

자) 가스레인지 화구 2개 이상(2개 포함) 사용한 경우

차) 시험 중 시설·장비(칼, 가스레인지 등) 사용 시 시험위원 및 타 수험자의 시험 진행에 위해를 일으킬 것으로 시험위원 전원이 합의하여 판단한 경우

카) 요구사항에 표시된 실격 및 부정행위에 해당하는 경우

❼ 항목별 배점은 위생상태 및 안전관리 5점, 조리기술 30점, 작품의 평가 15점입니다.

❽ 시험시작 전 가벼운 몸 풀기(스트레칭) 동작으로 긴장을 풀고 시험을 시작합니다.

학습평가

학습내용	평가항목	성취수준		
		상	중	하
식재료 손질	면류의 식재료를 용도에 맞게 손질할 수 있다.			
부재료, 양념 및 기물 준비	면 요리에 맞는 부재료와 양념을 준비할 수 있다.			
	면 요리의 구성에 맞는 기물을 준비할 수 있다.			
맛국물 조리	면 요리의 종류에 맞게 맛국물을 조리할 수 있다.			
	주재료와 부재료를 조리할 수 있다.			
향미 재료 첨가	향미 재료를 첨가하여 면 국물 조리를 완성할 수 있다.			
종류에 따른 맛국물 준비	면 요리의 종류에 맞게 맛국물을 조리할 수 있다.			
부재료 조리 및 면 삶기	부재료는 양념하거나 익혀서 준비할 수 있다.			
	면을 용도에 맞게 삶아서 준비할 수 있다.			
면 조리 완성	면 요리의 종류에 따라 그릇을 선택할 수 있다.			
	양념을 담아낼 수 있다.			
	맛국물을 담아낼 수 있다.			

작품사진

(실습 작품 첨부)

메밀국수

(ざるそば | 자루소바)

30분

지급재료

메밀국수(생면, 건면 100g 대체 가능) 150g, 무 60g, 실파(2뿌리) 40g, 김 1/2장, 고추냉이(와사비분) 10g, 가다랑어포(가쓰오부시) 10g, 건다시마(5×10cm) 1장, 진간장 50㎖, 백설탕 25g, 청주 15㎖, 맛술(미림) 10㎖, 각얼음 200g

110 • 기본 일본요리

만드는 법

❶ 모든 재료는 확인하고 분리하여 손질한다.

❷ 젖은 면포로 닦은 다시마는 찬물 두 컵 정도에 넣고 은근히 끓으면 다시마는 건져내고 가쓰오부시를 넣어 불을 끈 다음 5분 후에 면포로 맑게 걸러 다시(국물)를 만든다.

❸ 냄비에 다시 1컵, 진간장 2큰술, 청주 1큰술, 설탕 1큰술, 맛술(미림) 0.5큰술을 넣고 한번 끓으면 얼음물에 중탕하여 소바다시를 식혀둔다.

❹ 무는 고운 강판에 갈아 찬물에 몇 번 씻어주고 체에 밭쳐 물기를 짜주고, 실파는 최대한 얇게 썰어 찬물에 헹군 후 물기를 빼준다.

❺ 와사비분은 물을 조금씩 넣어 농도를 맞춰가며 개어준다.

❻ 메밀국수는 끓는 물에 부챗살 모양으로 뭉치지 않도록 펼쳐서 넣고 끓어오르면 찬물을 2~3번 넣어 투명하게 삶아준 후 얼음물에서 차갑게 헹궈 체에 밭쳐둔다.

❼ 완성접시 위에 김발을 펴고 체에 밭쳐둔 메밀국수를 사리지어 담아준다.

❽ 김은 불에 살짝 구워 바늘처럼 얇게 채썰어(하리노리) 메밀국수 위에 올려준다.

❾ 완성된 메밀국수 옆에 소바다시와 야쿠미(간 무, 실파, 와사비)를 따로 담아서 완성한다.

핵심

- 김은 눅눅해지지 않도록 물기가 없는 곳에 보관한다.
- 소바다시가 완성되면 얼음물에 중탕하여 차갑게 식혀야 한다.
- 삶아진 메밀국수는 얼음물에서 골고루 비벼야 질감이 쫄깃해진다.
- 와사비분에 많은 물을 넣어 질게 만들어지지 않도록 주의한다.
- 메밀국수는 완성그릇 위에 김발을 펴고 그 위에 올려준다.

※ **주어진 재료를 사용하여 메밀국수(자루소바)를 만드시오.**

㉮ 소바다시를 만들어 얼음으로 차게 식히시오.

㉯ 메밀국수는 삶아 얼음으로 차게 식혀서 사용하시오.

㉰ 메밀국수는 접시에 김발을 펴서 그 위에 올려내시오.

㉱ 김은 가늘게 채썰어(하리노리) 메밀국수에 얹어내시오.

㉲ 메밀국수, 양념(야쿠미), 소바다시를 각각 따로 담아내시오.

---

❶ 만드는 순서에 유의하며, 위생과 숙련된 기능평가를 위하여 조리작업 시 맛을 보지 않습니다.

❷ 지정된 수험자 지참준비물 이외의 조리기구나 재료를 시험장 내에 지참할 수 없습니다.

❸ 지급재료는 시험 전 확인하여 이상이 있을 경우 시험위원으로부터 조치를 받고 시험 중에는 재료의 교환 및 추가지급은 하지 않습니다.

❹ 요구사항 및 지급재료의 규격은 "정도"의 의미를 포함하며, 재료의 크기에 따라 가감하여 채점됩니다.

❺ 위생복, 위생모, 앞치마, 마스크를 착용하여야 하며, 시험장비 · 조리기구 취급 등 안전에 유의합니다.

❻ 다음 사항은 실격에 해당하여 채점 대상에서 제외됩니다.

　가) 수험자 본인이 시험 도중 시험에 대한 포기 의사를 표현하는 경우

　나) 실격

　나) 위생복, 위생모, 앞치마, 마스크를 착용하지 않은 경우

　다) 시험시간 내에 과제 두 가지를 제출하지 못한 경우

　라) 문제의 요구사항대로 과제의 수량이 만들어지지 않은 경우

　마) 구이를 조림 등으로 조리하여 완성품을 요구사항과 다르게 만든 경우

　바) 불을 사용하여 만든 조리작품이 작품특성에 벗어나는 정도로 타거나 익지 않은 경우

　사) 해당 과제의 지급재료 이외 재료를 사용하거나 석쇠 등 요구사항의 조리기구를 사용하지 않은 경우

　아) 지정된 수험자 지참준비물 이외의 조리기구를 조리에 사용한 경우

　자) 가스레인지 화구 2개 이상(2개 포함) 사용한 경우

　차) 시험 중 시설 · 장비(칼, 가스레인지 등) 사용 시 시험위원 및 타 수험자의 시험 진행에 위해를 일으킬 것으로 시험위원 전원이 합의하여 판단한 경우

　카) 요구사항에 표시된 실격 및 부정행위에 해당하는 경우

❼ 항목별 배점은 위생상태 및 안전관리 5점, 조리기술 30점, 작품의 평가 15점입니다.

❽ 시험시작 전 가벼운 몸 풀기(스트레칭) 동작으로 긴장을 풀고 시험을 시작합니다.

학습평가

학습내용	평가항목	성취수준		
		상	중	하
식재료 손질	면류의 식재료를 용도에 맞게 손질할 수 있다.			
부재료, 양념 및 기물 준비	면 요리에 맞는 부재료와 양념을 준비할 수 있다.			
	면 요리의 구성에 맞는 기물을 준비할 수 있다.			
맛국물 조리	면 요리의 종류에 맞게 맛국물을 조리할 수 있다.			
	주재료와 부재료를 조리할 수 있다.			
향미 재료 첨가	향미 재료를 첨가하여 면 국물 조리를 완성할 수 있다.			
종류에 따른 맛국물 준비	면 요리의 종류에 맞게 맛국물을 조리할 수 있다.			
부재료 조리 및 면 삶기	부재료는 양념하거나 익혀서 준비할 수 있다.			
	면을 용도에 맞게 삶아서 준비할 수 있다.			
면 조리 완성	면 요리의 종류에 따라 그릇을 선택할 수 있다.			
	양념을 담아낼 수 있다.			
	맛국물을 담아낼 수 있다.			

작품사진

(실습 작품 첨부)

삼치소금구이

(さわらのしおやき | 사와라노 시오야키)

시험시간

30분

지급재료

삼치 1/2마리(400~450g), 레몬 1/4개, 깻잎 1장, 소금(정제염) 30g, 무 50g, 우엉 60g,
식용유 10㎖, 식초 30㎖, 건다시마(5×10cm) 1장, 진간장 30㎖, 백설탕 30g, 청주 15㎖,
흰 참깨(볶은 것) 2g, 쇠꼬챙이(30cm) 3개, 맛술(미림) 10㎖

만드는 법

❶ 모든 재료는 확인하고 분리한 후에 깻잎은 찬물에 담가둔다.

❷ 젖은 면포로 닦은 다시마는 찬물 3컵 정도에 넣고 은근히 끓으면 다시마는 건져내고 불을 끈다.

❸ 삼치는 머리를 제거하고 내장을 빼낸 후 깨끗이 씻어 세 장 포뜨기(삼마이오로시)를 하고 껍질부분에 칼집을 넣어 앞뒤로 소금을 뿌려준다.

❹ 물 2큰술, 식초 2큰술, 설탕 1큰술, 소금 1/2작은술을 넣고 완전히 섞어 담근초를 만든다.

❺ 무는 2/3 정도의 깊이로 가로, 세로 촘촘하게 칼집을 넣은 후 뒤집어서 사방 2cm 크기로 썰어 둥글게 만들고, 바닷물 농도의 소금물에 절여 연해지면 씻어 물기를 짜서 담근초에 담가둔다.

❻ 우엉은 칼등으로 껍질을 벗겨 길이 5cm 정도의 나무젓가락 모양으로 썰어서 다듬어주고, 소량의 기름에 볶다가 청주 1큰술, 다시마 국물 1/2컵, 설탕 1큰술, 진간장 1큰술, 맛술(미림) 1/2작은술을 넣어가며 윤기 있게 조려내어 마무리로 흰 참깨를 뿌려준다.

❼ 레몬은 반달모양으로 잘라둔다.

❽ 절여진 삼치를 씻어 수분을 제거한 후 물결모양으로 쇠꼬챙이에 끼우고(우네리구시), 소금을 살짝 뿌려 껍질 쪽부터 타지 않도록 완전히 익혀준다.

❾ 완성그릇에 깻잎과 삼치의 껍질 쪽이 위로 보이도록 올리고 무초담금, 우엉, 레몬을 곁들여 완성한다.

 핵심

- 시험장에서 보통 삼치 한 마리가 제공되나 가끔 반 토막으로 제공될 수 있으니 두 조각이 나올 수 있도록 잘 손질한다.
- 삼치는 쇠꼬챙이를 이용하여 물결모양(우네리구시)으로 끼우면 구워진 모양이 좋다.
- 삼치를 구울 때 석쇠로 굽거나 생선 표면에 꼬챙이를 끼운 자국이 보이지 않도록 주의한다.
- 우엉을 조릴 때 마지막에 맛술을 넣고 센 불에서 조리면 윤기가 더욱 좋아진다.

※ **주어진 재료를 사용하여 삼치소금구이를 만드시오.**

㉮ 삼치는 세 장 뜨기한 후 소금을 뿌려 10~20분 후 씻고 쇠꼬챙이에 끼워 구워내시오.

㉯ 채소는 각각 초담금 및 조림을 하시오.

㉰ 구이 그릇에 삼치소금구이와 곁들임을 담아 완성하시오.

㉱ 길이 10cm 크기로 2조각을 제출하시오.

---

❶ 만드는 순서에 유의하며, 위생과 숙련된 기능평가를 위하여 조리작업 시 맛을 보지 않습니다.

❷ 지정된 수험자 지참준비물 이외의 조리기구나 재료를 시험장 내에 지참할 수 없습니다.

❸ 지급재료는 시험 전 확인하여 이상이 있을 경우 시험위원으로부터 조치를 받고 시험 중에는 재료의 교환 및 추가지급은 하지 않습니다.

❹ 요구사항 및 지급재료의 규격은 "정도"의 의미를 포함하며, 재료의 크기에 따라 가감하여 채점됩니다.

❺ 위생복, 위생모, 앞치마, 마스크를 착용하여야 하며, 시험장비 · 조리기구 취급 등 안전에 유의합니다.

❻ 다음 사항은 실격에 해당하여 채점 대상에서 제외됩니다.

　가) 수험자 본인이 시험 도중 시험에 대한 포기 의사를 표현하는 경우

　나) 실격

　나) 위생복, 위생모, 앞치마, 마스크를 착용하지 않은 경우

　다) 시험시간 내에 과제 두 가지를 제출하지 못한 경우

　라) 문제의 요구사항대로 과제의 수량이 만들어지지 않은 경우

　마) 구이를 조림 등으로 조리하여 완성품을 요구사항과 다르게 만든 경우

　바) 불을 사용하여 만든 조리작품이 작품특성에 벗어나는 정도로 타거나 익지 않은 경우

　사) 해당 과제의 지급재료 이외 재료를 사용하거나 석쇠 등 요구사항의 조리기구를 사용하지 않은 경우

　아) 지정된 수험자 지참준비물 이외의 조리기구를 조리에 사용한 경우

　자) 가스레인지 화구 2개 이상(2개 포함) 사용한 경우

　차) 시험 중 시설 · 장비(칼, 가스레인지 등) 사용 시 시험위원 및 타 수험자의 시험 진행에 위해를 일으킬 것으로 시험위원 전원이 합의하여 판단한 경우

　카) 요구사항에 표시된 실격 및 부정행위에 해당하는 경우

❼ 항목별 배점은 위생상태 및 안전관리 5점, 조리기술 30점, 작품의 평가 15점입니다.

❽ 시험시작 전 가벼운 몸 풀기(스트레칭) 동작으로 긴장을 풀고 시험을 시작합니다.

학습평가

학습내용	평가항목	성취수준		
		상	중	하
구이 재료 손질과 양념 준비	구이 식재료를 용도에 맞게 손질할 수 있다.			
	구이 식재료에 맞는 양념을 준비할 수 있다.			
구이 종류별 기물 준비	구이 용도에 맞는 기물을 준비할 수 있다.			
재료에 따른 구이방법	식재료의 특성에 따라 구이방법을 선택할 수 있다.			
구이 중 주의점	불의 강약을 조절하여 구워낼 수 있다.			
	재료의 형태가 부서지지 않도록 구울 수 있다.			
구이 모양과 형태에 맞게 담기	구이 모양과 형태에 맞게 담아낼 수 있다.			
구이 곁들임 요리와 양념 준비	양념을 준비하여 담아낼 수 있다.			
	구이 종류의 특성에 따라 곁들임을 함께 낼 수 있다.			

작품사진

(실습 작품 첨부)

소고기간장구이

(牛치のてりやき | 규니쿠노 데리야키)

시험시간
20분

지급재료

쇠고기(등심, 덩어리) 160g, 건다시마(5×10cm) 1장, 통생강 30g, 검은 후춧가루 5g, 진간장 50㎖, 산초가루 3g, 청주 50㎖, 소금(정제염) 20g, 식용유 100㎖, 백설탕 30g, 맛술(미림) 50㎖, 깻잎 1장

❶ 모든 재료는 확인하고 분리한 후에 깻잎은 찬물에 담가둔다.

❷ 젖은 면포로 닦은 다시마는 찬물 3컵 정도에 넣고 은근히 끓으면 다시마는 건져내고 불을 끈다.

❸ 소고기는 핏물과 힘줄을 제거하고 칼로 두들겨 부드럽게 해준 후 소금과 검은 후춧가루를 뿌려둔다.

❹ 냄비에 청주 2큰술을 넣어 알코올을 제거해 준 후 다시물 4큰술, 설탕 2큰술, 진간장 2큰술, 맛술(미림) 2큰술을 넣고 절반 정도의 양이 되도록 졸여준다.

❺ 생강은 얇게 저민 후 최대한 곱게 채썰어(하리쇼가) 찬물에 담가놓는다.

❻ 팬에 기름을 둘러 소고기의 양쪽 면을 코팅해 준 후 중불로 줄여 반 정도 익혀주고, 데리야키 소스를 양쪽 면에 3회 정도 발라가며 미디엄으로 구워준다.

❼ 완성그릇에 구운 소고기를 두께 1.5cm, 길이 3cm로 저며서 오른쪽부터 겹겹이 올리고 데리야키 소스와 산초가루를 뿌려준 후 생강채를 곁들여 완성한다.

핵심

- 소고기는 핏물을 제거하기 위해 면포나 키친타월로 감싸준다.
- 다시마로 다시(국물)를 낼 때 너무 센 불에서 빨리 끓이면 맛과 향이 덜 용출되기 때문에 약한 불에서 시작하여 끓으면 다시마를 건져내어 불을 끄고 식혀낸다.
- 냄비에 청주 2큰술을 넣어 알코올을 제거한 후 다시물 4큰술, 설탕 2큰술, 진간장 2큰술, 맛술(미림) 2큰술을 넣고 절반 정도의 양이 되도록 졸여준다.
- 생강은 얇게 저민 후 최대한 곱게 채썰고 전분의 아린 맛을 제거하기 위해 찬물에 수회 씻은 뒤 물에 담가둔다.
- 소고기는 힘줄을 제거하고 칼로 두들기거나 결 반대로 칼집을 넣어 구워주면 육질이 한층 부드럽고 오므라드는 것을 방지할 수 있다.
- 소고기는 반드시 초벌구이한 후에 데리야키 소스를 여러 번 발라 구워야 색상과 맛이 좋아진다.
- 소고기를 구운 후 자를 때 물결모양썰기의 방법으로 잘라주면 새로운 식감을 느낄 수 있다.

※ **주어진 재료를 사용하여 소고기간장구이를 만드시오.**

㉮ 양념간장(다레)과 생강채(하리쇼가)를 준비하시오.

㉯ 소고기를 두께 1.5cm, 길이 3cm로 자르시오.

㉰ 프라이팬에 구이를 한 다음 양념간장(다레)을 발라 완성하시오.

---

❶ 만드는 순서에 유의하며, 위생과 숙련된 기능평가를 위하여 조리작업 시 맛을 보지 않습니다.

❷ 지정된 수험자 지참준비물 이외의 조리기구나 재료를 시험장 내에 지참할 수 없습니다.

❸ 지급재료는 시험 전 확인하여 이상이 있을 경우 시험위원으로부터 조치를 받고 시험 중에는 재료의 교환 및 추가지급은 하지 않습니다.

❹ 요구사항 및 지급재료의 규격은 "정도"의 의미를 포함하며, 재료의 크기에 따라 가감하여 채점됩니다.

❺ 위생복, 위생모, 앞치마, 마스크를 착용하여야 하며, 시험장비 · 조리기구 취급 등 안전에 유의합니다.

❻ 다음 사항은 실격에 해당하여 채점 대상에서 제외됩니다.

　가) 수험자 본인이 시험 도중 시험에 대한 포기 의사를 표현하는 경우

　나) 실격

　나) 위생복, 위생모, 앞치마, 마스크를 착용하지 않은 경우

　다) 시험시간 내에 과제 두 가지를 제출하지 못한 경우

　라) 문제의 요구사항대로 과제의 수량이 만들어지지 않은 경우

　마) 구이를 조림 등으로 조리하여 완성품을 요구사항과 다르게 만든 경우

　바) 불을 사용하여 만든 조리작품이 작품특성에 벗어나는 정도로 타거나 익지 않은 경우

　사) 해당 과제의 지급재료 이외 재료를 사용하거나 석쇠 등 요구사항의 조리기구를 사용하지 않은 경우

　아) 지정된 수험자 지참준비물 이외의 조리기구를 조리에 사용한 경우

　자) 가스레인지 화구 2개 이상(2개 포함) 사용한 경우

　차) 시험 중 시설 · 장비(칼, 가스레인지 등) 사용 시 시험위원 및 타 수험자의 시험 진행에 위해를 일으킬 것으로 시험위원 전원이 합의하여 판단한 경우

　카) 요구사항에 표시된 실격 및 부정행위에 해당하는 경우

❼ 항목별 배점은 위생상태 및 안전관리 5점, 조리기술 30점, 작품의 평가 15점입니다.

❽ 시험시작 전 가벼운 몸 풀기(스트레칭) 동작으로 긴장을 풀고 시험을 시작합니다.

학습평가

학습내용	평가항목	성취수준		
		상	중	하
구이 재료 손질과 양념 준비	구이 식재료를 용도에 맞게 손질할 수 있다.			
	구이 식재료에 맞는 양념을 준비할 수 있다.			
구이 종류별 기물 준비	구이 용도에 맞는 기물을 준비할 수 있다.			
재료에 따른 구이 방법	식재료의 특성에 따라 구이 방법을 선택할 수 있다.			
구이 중 주의점	불의 강약을 조절하여 구워낼 수 있다.			
	재료의 형태가 부서지지 않도록 구울 수 있다.			
구이 모양과 형태에 맞게 담기	구이 모양과 형태에 맞게 담아낼 수 있다.			
구이 곁들임 요리와 양념 준비	양념을 준비하여 담아낼 수 있다.			
	구이 종류의 특성에 따라 곁들임을 함께 낼 수 있다.			

작품사진

(실습 작품 첨부)

전복버터구이

(あわびのバター焼き | 아와비노 바타-야키)

지급재료

전복(2마리, 껍질 포함) 150g, 청차조기잎(시소, 깻잎으로 대체 가능) 1장, 양파(중, 150g) 1/2개, 청피망(중, 75g) 1/2개, 청주 20㎖, 은행(중간 크기) 5개, 버터 20g, 검은 후춧가루 2g, 소금(정제염) 15g, 식용유 30㎖

만드는 법

❶ 모든 재료는 확인하고 분리한 후에 청차조기잎(시소)은 찬물에 담가 둔다.

❷ 양파는 껍질을 벗겨 2.5cm×3cm 정도의 크기로 자르고, 피망도 속씨를 제거해 같은 크기로 자른다.

❸ 전복은 깨끗하게 씻고 껍질과 전복살, 내장으로 분리한 후 전복살에 칼집을 넣어 물결모양썰기의 방법으로 비스듬히 자르고 전복 내장은 모래주머니를 제거하여 소금물에 데쳐준다.

❹ 팬에 기름을 두르고 은행을 볶아 속껍질을 제거한다.

❺ 달구어진 팬에 식용유를 두르고 전복살, 양파, 피망, 은행을 넣고 볶다가 청주 1큰술을 뿌리고 불을 붙여 전복의 비린 냄새를 제거하고 버터, 전복 내장을 넣고 볶으면서 소금, 검은 후춧가루로 맛을 낸 후 완성한다.

❻ 완성접시에 청차조기잎을 놓고 볶은 전복과 채소를 모양 있게 담아 준다.

- 전복의 껍질과 살을 분리할 때 숟가락이나 도구를 사용하여 최대한 손상되지 않게 손질한다.
- 모든 재료는 볶은 후에 같은 크기가 될 수 있도록 감안하여 잘라준다.
- 센 불에서 재료를 볶을 때 버터를 빨리 넣으면 탈 수 있으므로 주의한다.
- 채소의 씹힘성을 향상시키기 위해 센 불로 단시간에 볶아준다.
- 완성접시에 담을 때는 전복과 채소, 은행이 조화롭게 보일 수 있도록 담아낸다.

※ **주어진 재료를 사용하여 전복버터구이를 만드시오.**

㉮ 전복은 껍질과 내장을 분리하고 칼집을 넣어 한입 크기로 어슷하게 써시오.

㉯ 내장은 모래주머니를 제거하고 데쳐 사용하시오.

㉰ 채소는 전복의 크기로 써시오.

㉱ 은행은 속껍질을 벗겨 사용하시오.

유의사항

❶ 만드는 순서에 유의하며, 위생과 숙련된 기능평가를 위하여 조리작업 시 맛을 보지 않습니다.

❷ 지정된 수험자 지참준비물 이외의 조리기구나 재료를 시험장 내에 지참할 수 없습니다.

❸ 지급재료는 시험 전 확인하여 이상이 있을 경우 시험위원으로부터 조치를 받고 시험 중에는 재료의 교환 및 추가지급은 하지 않습니다.

❹ 요구사항 및 지급재료의 규격은 "정도"의 의미를 포함하며, 재료의 크기에 따라 가감하여 채점됩니다.

❺ 위생복, 위생모, 앞치마, 마스크를 착용하여야 하며, 시험장비 · 조리기구 취급 등 안전에 유의합니다.

❻ 다음 사항은 실격에 해당하여 채점 대상에서 제외됩니다.

　가) 수험자 본인이 시험 도중 시험에 대한 포기 의사를 표현하는 경우

　나) 실격

　나) 위생복, 위생모, 앞치마, 마스크를 착용하지 않은 경우

　다) 시험시간 내에 과제 두 가지를 제출하지 못한 경우

　라) 문제의 요구사항대로 과제의 수량이 만들어지지 않은 경우

　마) 구이를 조림 등으로 조리하여 완성품을 요구사항과 다르게 만든 경우

　바) 불을 사용하여 만든 조리작품이 작품특성에 벗어나는 정도로 타거나 익지 않은 경우

　사) 해당 과제의 지급재료 이외 재료를 사용하거나 석쇠 등 요구사항의 조리기구를 사용하지 않은 경우

　아) 지정된 수험자 지참준비물 이외의 조리기구를 조리에 사용한 경우

　자) 가스레인지 화구 2개 이상(2개 포함) 사용한 경우

　차) 시험 중 시설 · 장비(칼, 가스레인지 등) 사용 시 시험위원 및 타 수험자의 시험 진행에 위해를 일으킬 것으로 시험위원 전원이 합의하여 판단한 경우

　카) 요구사항에 표시된 실격 및 부정행위에 해당하는 경우

❼ 항목별 배점은 위생상태 및 안전관리 5점, 조리기술 30점, 작품의 평가 15점입니다.

❽ 시험시작 전 가벼운 몸 풀기(스트레칭) 동작으로 긴장을 풀고 시험을 시작합니다.

학습평가

학습내용	평가항목	성취수준		
		상	중	하
구이 재료 손질과 양념 준비	구이 식재료를 용도에 맞게 손질할 수 있다.			
	구이 식재료에 맞는 양념을 준비할 수 있다.			
구이 종류별 기물 준비	구이 용도에 맞는 기물을 준비할 수 있다.			
재료에 따른 구이 방법	식재료의 특성에 따라 구이 방법을 선택할 수 있다.			
구이 중 주의점	불의 강약을 조절하여 구워낼 수 있다.			
	재료의 형태가 부서지지 않도록 구울 수 있다.			
구이 모양과 형태에 맞게 담기	구이 모양과 형태에 맞게 담아낼 수 있다.			
구이 곁들임 요리와 양념 준비	양념을 준비하여 담아낼 수 있다.			
	구이 종류의 특성에 따라 곁들임을 함께 낼 수 있다.			

작품사진

(실습 작품 첨부)

달걀말이

(だしまきたまご | 다시마키타마고)

지급재료

달걀 6개, 백설탕 20g, 건다시마(5×10cm) 1장, 소금(정제염) 10g, 식용유 50㎖, 가다
랑어포(가쓰오부시) 10g, 맛술(미림) 20㎖, 무 100g, 진간장 30㎖, 청차조기잎(시소,
깻잎으로 대체 가능) 2장

만드는 법

❶ 모든 재료는 확인하고 분리하여 손질한다.

❷ 젖은 면포로 닦은 다시마는 찬물 두 컵 정도에 넣고 은근히 끓으면 다시마는 건져내고 가쓰오부시를 넣어 불을 끈 다음 5분 후에 면포로 맑게 걸러 1번다시를 만든다.

❸ 청차조기잎(시소)은 깨끗이 씻어 찬물에 담가둔다.

❹ 무는 고운 강판에 갈아 찬물에 몇 번 씻어주고 체에 받쳐 물기를 짠 후 다시(10) : 진간장(1)의 비율로 버무려 간장무즙을 만들어둔다.

❺ 다시 10Ts, 설탕 1Ts, 소금 1/2ts, 맛술 1ts, 진간장 1ts을 완전히 섞은 후 달걀을 풀어 체에 거른다.

❻ 코팅된 사각팬에 기름을 약간 두르고 중불 이하의 온도에서 달걀물을 한 국자 넣어 전체적으로 얇게 퍼지게 하여 밑쪽이 익으면 바깥쪽에서 안쪽으로 조금씩 말아준다.

❼ 팬에 기름칠과 달걀말이(다시마끼) 한 것을 바깥쪽으로 밀어 올리고 팬의 안쪽도 기름을 살짝 칠한 후 달걀물을 한 국자 넣고 대젓가락을 이용하여 달걀말이 한 것을 살짝 올리며 달걀물을 흘려 넣어 반복적으로 달걀말이를 만든다.

❽ 완성한 달걀말이는 김발을 사용하여 사각모양으로 만들어 준다.

❾ 달걀말이는 높이 2.5cm, 두께 1cm로 두께가 일정하게 8개가 나오도록 잘라준다.

❿ 그릇에 달걀말이를 올리고 청차조기잎(시소)와 간장무즙을 담아낸다.

- 무는 고운 강판에 갈아 찬물에 한번 씻어준 후 물기를 제거해 준다.
- 달걀말이는 사각팬을 이용하여 달걀물을 전부 사용해서 만들어야 한다.
- 달걀말이는 요구사항에 맞도록 반드시 8쪽을 제시해야 한다.
- 사각팬은 기름으로 코팅하여 달걀물이 들러붙지 않도록 주의한다.
- 팬에 기름칠을 많이 하여 달걀말이의 틈새가 층층이 보이지 않도록 만든다.

※ **주어진 재료를 사용하여 달걀말이를 만드시오.**

㉮ 달걀과 가다랑어국물(가쓰오다시), 소금, 설탕, 맛술(미림)을 섞은 후 체에 걸러 사용하시오.

㉯ 젓가락을 사용하여 달걀말이를 한 후 김발을 이용하여 사각모양을 만드시오.(단, 달걀을 말 때 주걱이나 손을 사용할 경우 감점 처리)

㉰ 길이 8cm, 높이 2.5cm, 두께 1cm 정도로 썰어 8개를 만들고, 완성되었을 때 틈새가 없도록 하시오.

㉱ 달걀말이(다시마키)와 간장무즙을 접시에 보기 좋게 담아내시오.

❶ 만드는 순서에 유의하며, 위생과 숙련된 기능평가를 위하여 조리작업 시 맛을 보지 않습니다.

❷ 지정된 수험자 지참준비물 이외의 조리기구나 재료를 시험장 내에 지참할 수 없습니다.

❸ 지급재료는 시험 전 확인하여 이상이 있을 경우 시험위원으로부터 조치를 받고 시험 중에는 재료의 교환 및 추가지급은 하지 않습니다.

❹ 요구사항 및 지급재료의 규격은 "정도"의 의미를 포함하며, 재료의 크기에 따라 가감하여 채점됩니다.

❺ 위생복, 위생모, 앞치마, 마스크를 착용하여야 하며, 시험장비 · 조리기구 취급 등 안전에 유의합니다.

❻ 다음 사항은 실격에 해당하여 채점 대상에서 제외됩니다.

　가) 수험자 본인이 시험 도중 시험에 대한 포기 의사를 표현하는 경우

　나) 실격

　나) 위생복, 위생모, 앞치마, 마스크를 착용하지 않은 경우

　다) 시험시간 내에 과제 두 가지를 제출하지 못한 경우

　라) 문제의 요구사항대로 과제의 수량이 만들어지지 않은 경우

　마) 구이를 조림 등으로 조리하여 완성품을 요구사항과 다르게 만든 경우

　바) 불을 사용하여 만든 조리작품이 작품특성에 벗어나는 정도로 타거나 익지 않은 경우

　사) 해당 과제의 지급재료 이외 재료를 사용하거나 석쇠 등 요구사항의 조리기구를 사용하지 않은 경우

　아) 지정된 수험자 지참준비물 이외의 조리기구를 조리에 사용한 경우

　자) 가스레인지 화구 2개 이상(2개 포함) 사용한 경우

　차) 시험 중 시설 · 장비(칼, 가스레인지 등) 사용 시 시험위원 및 타 수험자의 시험 진행에 위해를 일으킬 것으로 시험위원 전원이 합의하여 판단한 경우

　카) 요구사항에 표시된 실격 및 부정행위에 해당하는 경우

❼ 항목별 배점은 위생상태 및 안전관리 5점, 조리기술 30점, 작품의 평가 15점입니다.

❽ 시험시작 전 가벼운 몸 풀기(스트레칭) 동작으로 긴장을 풀고 시험을 시작합니다.

학습평가

학습내용	평가항목	성취수준		
		상	중	하
구이 재료 손질과 양념 준비	구이 식재료를 용도에 맞게 손질할 수 있다.			
	구이 식재료에 맞는 양념을 준비할 수 있다.			
구이 종류별 기물 준비	구이 용도에 맞는 기물을 준비할 수 있다.			
재료에 따른 구이 방법	식재료의 특성에 따라 구이 방법을 선택할 수 있다.			
구이 중 주의점	불의 강약을 조절하여 구워낼 수 있다.			
	재료의 형태가 부서지지 않도록 구울 수 있다.			
구이 모양과 형태에 맞게 담기	구이 모양과 형태에 맞게 담아낼 수 있다.			
구이 곁들임 요리와 양념 준비	양념을 준비하여 담아낼 수 있다.			
	구이 종류의 특성에 따라 곁들임을 함께 낼 수 있다.			

작품사진

(실습 작품 첨부)

도미술찜
(たいの酒むし | 다이노 사카무시)

시험시간
30분

지급재료

도미(200~250g) 1마리, 배추 50g, 당근(둥근 모양으로 잘라서 지급) 60g, 무 50g, 판두부 50g, 생표고버섯(20g) 1개, 죽순 20g, 쑥갓 20g, 레몬 1/4개, 청주 30㎖, 건다시마(5×10cm) 1장, 진간장 30㎖, 식초 30㎖, 고춧가루(고운 것) 2g, 실파(1뿌리) 20g, 소금(정제염) 5g

❶ 모든 재료는 확인하고 분리한 후에 쑥갓은 찬물에 담가둔다.

❷ 죽순은 석회질을 제거하고 끓는 물에 삶아 찬물에 식혀 놓는다.

❸ 젖은 면포로 닦은 다시마는 찬물 3컵 정도에 넣고 은근히 끓으면 다시마는 건져내고 불을 끈다.

❹ 도미는 비늘을 벗기고 아가미와 내장을 제거한 후 깨끗이 씻고 머리, 몸통, 꼬리로 세 등분하여 잘라낸다.

❺ 도미 머리는 절반으로 정확히 자르고 꼬리는 칼집을 넣은 후 지느러미 끝을 살린 모양을 내어 소금을 뿌려둔다.

❻ 표고버섯은 기둥을 제거한 뒤 별모양을 만들고, 두부는 길이 5cm의 직사각형으로 잘라준다.

❼ 당근은 매화꽃 모양, 무(일부)는 은행잎 모양을 만들어 냄비에 물과 소금을 약간 넣고 끓으면 70% 정도 삶아 찬물에 식힌다.

❽ 죽순은 빗살모양으로 0.2cm 두께로 썰고, 레몬은 반달모양으로 썬다.

❾ 배추와 쑥갓(일부)도 데쳐 식힌 후 물기를 제거하여 김발 위에 배추와 쑥갓을 올리고 말아서 어슷하게 썰어준다.

❿ 채소를 데친 물에 절여놓았던 도미를 넣어 살짝 데친 후 찬물에 헹구며 비늘과 불순물들을 제거한다.

⓫ 완성그릇 위에 쑥갓을 제외한 모든 재료를 보기 좋게 담고, 제일 앞쪽에 도미의 껍질이 위쪽을 향하도록 담는다.

⓬ 다시마 국물 1Ts, 청주 3Ts, 소금 1/4ts을 넣고 간하여 재료 위에 뿌려준다.

⓭ 찜을 할 때 수증기가 찜 그릇 안으로 들어가지 않도록 호일이나 랩으로 덮어준 후 중불에서 10분 정도 쪄준다.

⓮ 다시 1Ts, 식초 1Ts, 진간장 1Ts을 혼합하여 폰즈를 만들어 놓는다.

⓯ 실파는 얇게 썰어 물에 헹궈 물기를 제거해 두고, 무는 강판에 갈아서 고춧가루 즙과 섞어 모미지 오로시를 만들어 놓는다.

⓰ 찜이 완성되면 쑥갓을 올리고 폰즈와 야쿠미를 곁들여 낸다.

핵심

- 다시마로 다시(국물)를 낼 때 너무 센 불에서 빨리 끓이면 맛과 향이 덜 용출되기 때문에 약한 불에서 시작하여 끓으면 다시마를 건져내어 불을 끄고 식혀낸다.
- 무는 은행잎 모양을 만들 것과 강판에 갈아 야쿠미 만들 것으로 분리해 둔다.
- 도미의 뼈와 가시의 유무를 확인하여 완전히 제거하여야 한다.
- 재료를 데치거나 삶을 때 찬물에서 완전히 식혀야 물러지는 것을 방지할 수 있다.
- 두꺼운 줄기가 있는 배추나 쑥갓을 데칠 때 두꺼운 줄기부터 시작하여 잎부분까지 데쳐준다.
- 수증기가 찜 그릇 안으로 들어가지 않도록 호일이나 랩 등을 씌워서 찌도록 한다.
- 폰즈는 끓이지 않고 만들어준다.

※ **주어진 재료를 사용하여 도미술찜을 만드시오.**

㉮ 머리는 반으로 자르고, 몸통은 세 장 뜨기하시오.

㉯ 손질한 도미살을 5~6cm로 자르고 소금을 뿌려, 머리와 꼬리는 데친 후 불순물을 제거하시오.

㉰ 청주를 섞은 다시(국물)에 쪄내시오.

㉱ 당근은 매화꽃, 무는 은행잎 모양으로 만들어 익혀내시오.

㉲ 초간장(폰즈)과 양념(야쿠미)을 만들어 내시오.

❶ 만드는 순서에 유의하며, 위생과 숙련된 기능평가를 위하여 조리작업 시 맛을 보지 않습니다.

❷ 지정된 수험자 지참준비물 이외의 조리기구나 재료를 시험장 내에 지참할 수 없습니다.

❸ 지급재료는 시험 전 확인하여 이상이 있을 경우 시험위원으로부터 조치를 받고 시험 중에는 재료의 교환 및 추가지급은 하지 않습니다.

❹ 요구사항 및 지급재료의 규격은 "정도"의 의미를 포함하며, 재료의 크기에 따라 가감하여 채점됩니다.

❺ 위생복, 위생모, 앞치마, 마스크를 착용하여야 하며, 시험장비 · 조리기구 취급 등 안전에 유의합니다.

❻ 다음 사항은 실격에 해당하여 채점 대상에서 제외됩니다.

　가) 수험자 본인이 시험 도중 시험에 대한 포기 의사를 표현하는 경우

　나) 실격

　나) 위생복, 위생모, 앞치마, 마스크를 착용하지 않은 경우

　다) 시험시간 내에 과제 두 가지를 제출하지 못한 경우

　라) 문제의 요구사항대로 과제의 수량이 만들어지지 않은 경우

　마) 구이를 조림 등으로 조리하여 완성품을 요구사항과 다르게 만든 경우

　바) 불을 사용하여 만든 조리작품이 작품특성에 벗어나는 정도로 타거나 익지 않은 경우

　사) 해당 과제의 지급재료 이외 재료를 사용하거나 석쇠 등 요구사항의 조리기구를 사용하지 않은 경우

　아) 지정된 수험자 지참준비물 이외의 조리기구를 조리에 사용한 경우

　자) 가스레인지 화구 2개 이상(2개 포함) 사용한 경우

　차) 시험 중 시설 · 장비(칼, 가스레인지 등) 사용 시 시험위원 및 타 수험자의 시험 진행에 위해를 일으킬 것으로 시험위원 전원이 합의하여 판단한 경우

　카) 요구사항에 표시된 실격 및 부정행위에 해당하는 경우

❼ 항목별 배점은 위생상태 및 안전관리 5점, 조리기술 30점, 작품의 평가 15점입니다.

❽ 시험시작 전 가벼운 몸 풀기(스트레칭) 동작으로 긴장을 풀고 시험을 시작합니다.

학습평가

학습내용	평가항목	성취수준		
		상	중	하
찜 재료 손질	메뉴에 따라 재료의 특성을 살려 손질할 수 있다.			
	고명, 부재료, 향신료를 조리법에 맞추어 손질할 수 있다.			
양념 재료 준비	양념 재료를 준비할 수 있다.			
맛국물 준비	메뉴에 따라 재료의 특성을 살려 맛국물을 준비할 수 있다.			
특성에 따른 찜 소스 조리	찜 소스를 찜의 종류와 특성에 따라 조리법에 맞추어 조리할 수 있다.			
찜 소스 양 조절	첨가되는 찜 소스의 양을 조절하여 조리할 수 있다.			
찜 양념 조리	찜 양념을 만들 수 있다.			
찜통 준비 및 불 조절	찜통을 준비할 수 있다.			
	식재료의 종류에 따라 불의 세기와 시간을 조절할 수 있다.			
재료의 형태 유지하며 찌기	찜의 특성에 따라 기물을 선택할 수 있다.			
	재료의 형태를 유지할 수 있다.			
찜 조리 완성	곁들임을 첨가하여 완성할 수 있다.			

작품사진

(실습 작품 첨부)

달걀찜

(たまごむし | 다마고무시)

지급재료

달걀 1개, 잔새우(약 6~7cm) 1마리, 어묵(판어묵) 15g, 생표고버섯(10g) 1/2개, 밤 1/2개, 가다랑어포(가쓰오부시) 10g, 닭고기살 20g, 은행(겉껍질 깐 것) 2개, 흰생선살 20g, 쑥갓 10g, 진간장 10㎖, 소금(정제염) 5g, 청주 10㎖, 레몬 1/4개, 죽순 10g, 건다시마(5×10cm) 1장, 이쑤시개 1개, 맛술(미림) 10㎖

만드는 법

❶ 모든 재료는 확인하고 분리하여 손질한다.

❷ 젖은 면포로 닦은 다시마는 찬물 두 컵 정도에 넣고 은근히 끓으면 다시마는 건져내고 가쓰오부시를 넣어 불을 끈 다음 5분 후에 면포로 맑게 걸러 다시(국물)를 만든다.

❸ 쑥갓은 깨끗이 씻어 찬물에 담가둔다.

❹ 닭고기살과 생선살은 사방 1cm 크기로 썰고 다시, 진간장, 맛술로 밑간을 들인다.

❺ 어묵, 죽순, 표고버섯도 사방 1cm로 잘라둔다.

❻ 새우는 껍질을 제거하고 꼬치를 사용하여 등 부위에 들어 있는 내장을 빼준다.

❼ 물이 끓으면 은행은 삶아 껍질을 벗겨주고 밑간을 들인 닭고기살, 생선살과 새우, 죽순을 데쳐 찬물에 식힌다.

❽ 밤은 껍질을 벗겨 사방 1cm가 되도록 잘라 살짝 구워둔다.

❾ 다시 1/2컵, 청주 1/2ts, 소금 1/4ts, 진간장을 약간 혼합하여 섞어주고 풀어둔 달걀도 함께 넣어 섞은 후 고운체에서 내려준다.

❿ 달걀찜 그릇에 손질한 모든 재료를 담고 달걀물은 8부 정도 부어 거품을 빼주고 뚜껑을 덮어준다.

⓫ 냄비에 중탕으로 하거나 찜통에서 수증기가 나오면 약하게 불을 줄여 12분 정도 찐다.

⓬ 달걀찜을 살짝 흔들어보아 달걀 겉물이 묻어나오지 않으면 완성된 것으로 간주하고 레몬 오리발과 쑥갓잎으로 장식하여 완성시킨다.

 핵심

- 다시(국물)는 제일 먼저 뽑아 식힌 후 달걀과 섞어 익는 것을 방지하도록 한다.
- 죽순은 아린 맛을 제거하기 위해 데쳐서 사용하고 석회질은 잘 씻어낸다.
- 다시(국물)와 달걀은 2 : 1 정도의 비율로 맞추고 불은 알맞게 조절하여 찜을 한다.
- 달걀물은 고운체에 한번 걸러 찜 그릇에 부어 기포가 생기지 않도록 하고 거품은 반드시 제거해 준다.
- 찜통의 물을 끓여 찜을 시작하면 찜 그릇 속으로 수증기가 들어가지 않도록 뚜껑이나 랩, 호일 등을 씌워주고 중탕으로 만들 때는 물이 넘쳐 들어가지 않도록 찜 그릇의 절반 높이의 물을 넣고 쪄준다.
- 찜통에서 수증기가 발생하기 시작하면 찜 그릇을 넣고 약한 불로 조절하여 매끄럽고 부드럽게 찜을 해준다.

요구사항

※ **주어진 재료를 사용하여 달걀찜을 만드시오.**

㉮ 찜 속재료는 각각 썰어 간하시오.

㉯ 나중에 넣을 것과 처음에 넣을 것을 구분하시오.

㉰ 가다랑어포로 다시(국물)를 만들어 식혀서 달걀과 섞으시오.

유의사항

❶ 만드는 순서에 유의하며, 위생과 숙련된 기능평가를 위하여 조리작업 시 맛을 보지 않습니다.

❷ 지정된 수험자 지참준비물 이외의 조리기구나 재료를 시험장 내에 지참할 수 없습니다.

❸ 지급재료는 시험 전 확인하여 이상이 있을 경우 시험위원으로부터 조치를 받고 시험 중에는 재료의 교환 및 추가지급은 하지 않습니다.

❹ 요구사항 및 지급재료의 규격은 "정도"의 의미를 포함하며, 재료의 크기에 따라 가감하여 채점됩니다.

❺ 위생복, 위생모, 앞치마, 마스크를 착용하여야 하며, 시험장비 · 조리기구 취급 등 안전에 유의합니다.

❻ 다음 사항은 실격에 해당하여 채점 대상에서 제외됩니다.

    가) 수험자 본인이 시험 도중 시험에 대한 포기 의사를 표현하는 경우

    나) 실격

    나) 위생복, 위생모, 앞치마, 마스크를 착용하지 않은 경우

    다) 시험시간 내에 과제 두 가지를 제출하지 못한 경우

    라) 문제의 요구사항대로 과제의 수량이 만들어지지 않은 경우

    마) 구이를 조림 등으로 조리하여 완성품을 요구사항과 다르게 만든 경우

    바) 불을 사용하여 만든 조리작품이 작품특성에 벗어나는 정도로 타거나 익지 않은 경우

    사) 해당 과제의 지급재료 이외 재료를 사용하거나 석쇠 등 요구사항의 조리기구를 사용하지 않은 경우

    아) 지정된 수험자 지참준비물 이외의 조리기구를 조리에 사용한 경우

    자) 가스레인지 화구 2개 이상(2개 포함) 사용한 경우

    차) 시험 중 시설 · 장비(칼, 가스레인지 등) 사용 시 시험위원 및 타 수험자의 시험 진행에 위해를 일으킬 것으로 시험위원 전원이 합의하여 판단한 경우

    카) 요구사항에 표시된 실격 및 부정행위에 해당하는 경우

❼ 항목별 배점은 위생상태 및 안전관리 5점, 조리기술 30점, 작품의 평가 15점입니다.

❽ 시험시작 전 가벼운 몸 풀기(스트레칭) 동작으로 긴장을 풀고 시험을 시작합니다.

학습평가

학습내용	평가항목	성취수준		
		상	중	하
찜 재료 손질	메뉴에 따라 재료의 특성을 살려 손질할 수 있다.			
	고명, 부재료, 향신료를 조리법에 맞추어 손질할 수 있다.			
양념 재료 준비	양념 재료를 준비할 수 있다.			
맛국물 준비	메뉴에 따라 재료의 특성을 살려 맛국물을 준비할 수 있다.			
특성에 따른 찜 소스 조리	찜 소스를 찜의 종류와 특성에 따라 조리법에 맞추어 조리할 수 있다.			
찜 소스 양 조절	첨가되는 찜 소스의 양을 조절하여 조리할 수 있다.			
찜 양념 조리	찜 양념을 만들 수 있다.			
찜통 준비 및 불 조절	찜통을 준비할 수 있다.			
	식재료의 종류에 따라 불의 세기와 시간을 조절할 수 있다.			
재료의 형태 유지하며 찌기	찜의 특성에 따라 기물을 선택할 수 있다.			
	재료의 형태를 유지할 수 있다.			
찜 조리 완성	곁들임을 첨가하여 완성할 수 있다.			

작품사진

(실습 작품 첨부)

생선초밥

(にぎりすし | 니기리스시)

지급재료

참치살(붉은색 참치살, 아카미) 30g, 광어살(3×8cm 이상, 껍질 있는 것) 50g, 새우 (30~40g) 1마리, 학꽁치(꽁치, 전어 대체 가능) 1/2마리, 도미살 30g, 문어(삶은 것) 50g, 밥(뜨거운 밥) 200g, 청차조기잎(시소, 깻잎으로 대체 가능) 1장, 통생강 30g, 고 추냉이(와사비분) 20g, 식초 70ml, 백설탕 50g, 소금(정제염) 20g, 진간장 20ml, 대꼬 챙이(10~15cm) 1개

❶ 모든 재료를 확인 및 분리한 후 청차조기잎(시소)은 찬물에 담가둔다.

❷ 참치는 바닷물 정도의 미지근한 소금물에서 닦아주고 해동한 후 건져 면포에 감싸둔다.

❸ 생강은 얇게 편으로 자른 후 끓는 물에 데쳐 찬물에 식혀 물기를 빼준다.

❹ 배합초(식초 3큰술, 설탕 2큰술, 소금 1큰술)를 녹여 일부는 밥에 버무려 젖은 면포로 덮어두고, 나머지 배합초는 데친 생강에 담가 초생강을 만든다.

❺ 새우는 내장을 제거하고 배 쪽 부분에 나무꼬치를 꽂아 식초, 소금을 넣은 끓는 물에 삶아서 익으면 식힌 후 나무꼬치를 빼서 껍질을 벗기고 배 쪽에 칼을 넣어 펼쳐준다.

❻ 학꽁치는 비늘과 내장을 제거한 후 깨끗이 씻어 칼등으로 껍질을 벗겨 길이 7cm 정도로 자른 후 등 쪽에 칼집을 넣어준다.

❼ 삶은 문어는 껍질을 제거하고 물결모양썰기의 방법으로 길이 7cm 정도가 되도록 포를 떠준다.

❽ 광어와 도미는 껍질을 벗기고 손질한 후 결 반대방향으로 평썰기(히라즈쿠리)의 방법으로 길이 7cm 정도가 되도록 포를 떠준다.

❾ 참치도 결 반대방향으로 길이 7cm 정도가 되도록 포를 떠준다.

❿ 와사비분은 물을 조금씩 넣어 농도를 맞춰가며 개어준다.

⓫ 손식초물(데미즈)은 물 7 : 식초 3 정도의 비율로 만들어 놓는다.

⓬ 손식초물을 손 전체에 골고루 묻히고 왼손으로 잡은 초밥재료에 오른손의 뭉쳐진 초밥과 와사비를 묻혀 모양을 잡으며 초밥을 쥐어준다.

⓭ 완성그릇에 생선초밥의 색상을 감안하여 위쪽에 4개, 아래쪽에 4개를 45˚ 정도로 기울여서 담은 후 오른쪽 하단에 청차조기잎을 깔고 초생강을 올려준다.

 핵심

- 생선회는 특별히 위생에 주의하여 교차오염이 발생하지 않도록 한다.
- 시험장에서 대체 가능한 식재료는 다음과 같다. (학꽁치 ↔ 꽁치, 전어)
- 배합초를 만들 때 설탕과 소금이 완전히 녹을 수 있도록 잘 저어준다.
- 초밥을 만들 때 배합초를 넣고 온도는 체온 정도가 되도록 만들어준다.
- 초밥의 재료를 자를 때 동일한 크기가 되도록 잘라준다.
- 손에 손식초물을 적게 묻히면 밥알이 손에 묻어나고, 많이 묻히면 초밥의 맛이 싱거워지므로 주의해야 한다.
- 생선초밥을 담을 때 생선의 종류별 색상을 감안하여 조화롭게 담아준다.
- 요구사항에 맞도록 종류별로 생선초밥 8개를 모두 제출하여야 한다.

※ **주어진 재료를 사용하여 생선초밥을 만드시오.**

㉮ 각 생선류와 채소를 초밥용으로 손질하시오.

㉯ 초밥초(스시스)를 만들어 밥에 간하여 식히시오.

㉰ 곁들일 초생강을 만드시오.

㉱ 쥔초밥(니기리스시)을 만드시오.

㉲ 생선초밥은 6종류 8개를 만들어 제출하시오.

㉳ 간장을 곁들여 내시오.

---

❶ 만드는 순서에 유의하며, 위생과 숙련된 기능평가를 위하여 조리작업 시 맛을 보지 않습니다.

❷ 지정된 수험자 지참준비물 이외의 조리기구나 재료를 시험장 내에 지참할 수 없습니다.

❸ 지급재료는 시험 전 확인하여 이상이 있을 경우 시험위원으로부터 조치를 받고 시험 중에는 재료의 교환 및 추가지급은 하지 않습니다.

❹ 요구사항 및 지급재료의 규격은 "정도"의 의미를 포함하며, 재료의 크기에 따라 가감하여 채점됩니다.

❺ 위생복, 위생모, 앞치마, 마스크를 착용하여야 하며, 시험장비ㆍ조리기구 취급 등 안전에 유의합니다.

❻ 다음 사항은 실격에 해당하여 채점 대상에서 제외됩니다.

　가) 수험자 본인이 시험 도중 시험에 대한 포기 의사를 표현하는 경우

　나) 실격

　나) 위생복, 위생모, 앞치마, 마스크를 착용하지 않은 경우

　다) 시험시간 내에 과제 두 가지를 제출하지 못한 경우

　라) 문제의 요구사항대로 과제의 수량이 만들어지지 않은 경우

　마) 구이를 조림 등으로 조리하여 완성품을 요구사항과 다르게 만든 경우

　바) 불을 사용하여 만든 조리작품이 작품특성에 벗어나는 정도로 타거나 익지 않은 경우

　사) 해당 과제의 지급재료 이외 재료를 사용하거나 석쇠 등 요구사항의 조리기구를 사용하지 않은 경우

　아) 지정된 수험자 지참준비물 이외의 조리기구를 조리에 사용한 경우

　자) 가스레인지 화구 2개 이상(2개 포함) 사용한 경우

　차) 시험 중 시설ㆍ장비(칼, 가스레인지 등) 사용 시 시험위원 및 타 수험자의 시험 진행에 위해를 일으킬 것으로 시험위원 전원이 합의하여 판단한 경우

　카) 요구사항에 표시된 실격 및 부정행위에 해당하는 경우

❼ 항목별 배점은 위생상태 및 안전관리 5점, 조리기술 30점, 작품의 평가 15점입니다.

❽ 시험시작 전 가벼운 몸 풀기(스트레칭) 동작으로 긴장을 풀고 시험을 시작합니다.

학습평가

학습내용	평가항목	성취수준		
		상	중	하
초밥용 밥 준비	초밥용 밥을 준비할 수 있다.			
용노별 초밥 재료 준비	초밥의 용도에 맞는 재료를 준비할 수 있다.			
고추냉이와 부재료 준비	고추냉이(가루, 생)와 부재료를 준비할 수 있다.			
초밥용 배합초 재료 준비	초밥용 배합초의 재료를 준비할 수 있다.			
초밥용 배합초 조리	초밥용 배합초를 조리할 수 있다.			
	용도에 맞게 다양한 배합초를 준비된 밥에 뿌릴 수 있다.			
초밥 재료의 모양 준비	초밥의 모양과 양을 조절할 수 있다.			
초밥 조리	신속한 동작으로 만들 수 있다.			
	용도에 맞게 다양한 초밥을 만들 수 있다.			
초밥 기물 선택	초밥의 종류와 양에 따른 기물을 선택할 수 있다.			
초밥 담기	초밥을 구성에 맞게 담을 수 있다.			
곁들임 담기	초밥에 곁들임을 첨가할 수 있다.			

작품사진

(실습 작품 첨부)

참치김초밥

(てっかまき | 뎃카마키)

시험시간
20분

지급재료

참치살(붉은색 참치살, 아카미) 100g, 고추냉이(와사비분) 15g, 청차조기잎(시소, 깻잎으로 대체 가능) 1장, 김(초밥김) 1장, 밥(뜨거운 밥) 120g, 통생강 20g, 식초 70㎖, 백설탕 50g, 소금(정제염) 20g, 진간장 10㎖

만드는 법

① 모든 재료를 확인하고 분리한 후 청차조기잎은 찬물에 담근다.

② 참치는 바닷물 정도의 미지근한 소금물에서 닦아주고 해동한 후 건져 면포에 감싸둔다.

③ 생강은 얇게 편으로 자른 후 끓는 물에 데쳐 찬물에 식혀 물기를 빼준다.

④ 배합초(식초 3큰술, 설탕 2큰술, 소금 1큰술)를 녹여 일부는 밥에 버무려 젖은 면포로 덮어두고, 나머지 배합초는 데친 생강에 담가 초생강을 만든다.

⑤ 와사비분은 물을 조금씩 넣어 농도를 맞춰가며 개어준다.

⑥ 손식초물(데미즈)은 물 7 : 식초 3 정도의 비율로 만들어 놓는다.

⑦ 참치는 김 길이에 맞춰 1cm 정도의 두께로 잘라준다.

⑧ 김은 살짝 구워 절반으로 자르고 김발 위에 올려 김의 4/5 정도까지 초밥을 골고루 편다.

⑨ 초밥의 중앙에 와사비를 길게 발라주고, 그 위에 참치를 올려 네모진 모양으로 마는 방법으로 2줄을 말아준다.

⑩ 참치김초밥은 한 줄당 6쪽으로 잘라 총 12쪽이 되도록 자른다.

⑪ 완성그릇에 참치김초밥을 담고 오른쪽 하단에 청차조기잎과 초생강으로 장식한다.

핵심

- 통생강은 껍질을 벗기고 얇게 편으로 썰어 끓는 물에 데쳐 아린 맛을 제거하고 찬물에 씻은 후 생강초에 넣어 간이 배도록 담가둔다.
- 배합초를 만들 때 설탕과 소금이 완전히 녹을 수 있도록 잘 저어준다.
- 배합초는 밥에 한번에 넣지 말고 조금씩 넣어가며 버무린다.
- 초밥을 만들 때 배합초를 조금씩 넣어가며 고루 섞어주고, 너무 세게 눌러 밥알이 으깨지지 않도록 주의한다.
- 손식초는 물 7 : 식초 3 정도의 배율로 희석하여 만들어 손의 살균작용과 밥알이 손에 달라붙지 않도록 한다.
- 김의 거친 면을 위로 향하게 해서 말아야 김초밥의 형태가 좋고 입안에서 느껴지는 감촉이 좋아진다.
- 많은 양의 밥을 넣어 김밥이 터지지 않도록 주의한다.
- 너무 단단하게 만 김초밥은 식감이 딱딱해서 좋지 않다.
- 김초밥을 자를 때 칼에 약간의 물기를 묻히면 김초밥 단면을 깨끗하게 자를 수 있다.
- 김초밥은 동일한 크기가 되도록 잘라준다.

※ **주어진 재료를 사용하여 참치김초밥을 만드시오.**

㉮ 김을 반 장으로 자르고, 눅눅하거나 구워지지 않은 김은 구워 사용하시오.

㉯ 고추냉이와 초생강을 만드시오.

㉰ 초밥 2줄은 일정한 크기 12개로 잘라내시오.

㉱ 간장을 곁들여 내시오.

유의사항

❶ 만드는 순서에 유의하며, 위생과 숙련된 기능평가를 위하여 조리작업 시 맛을 보지 않습니다.

❷ 지정된 수험자 지참준비물 이외의 조리기구나 재료를 시험장 내에 지참할 수 없습니다.

❸ 지급재료는 시험 전 확인하여 이상이 있을 경우 시험위원으로부터 조치를 받고 시험 중에는 재료의 교환 및 추가지급은 하지 않습니다.

❹ 요구사항 및 지급재료의 규격은 "정도"의 의미를 포함하며, 재료의 크기에 따라 가감하여 채점됩니다.

❺ 위생복, 위생모, 앞치마, 마스크를 착용하여야 하며, 시험장비 · 조리기구 취급 등 안전에 유의합니다.

❻ 다음 사항은 실격에 해당하여 채점 대상에서 제외됩니다.

　가) 수험자 본인이 시험 도중 시험에 대한 포기 의사를 표현하는 경우

　나) 실격

　나) 위생복, 위생모, 앞치마, 마스크를 착용하지 않은 경우

　다) 시험시간 내에 과제 두 가지를 제출하지 못한 경우

　라) 문제의 요구사항대로 과제의 수량이 만들어지지 않은 경우

　마) 구이를 조림 등으로 조리하여 완성품을 요구사항과 다르게 만든 경우

　바) 불을 사용하여 만든 조리작품이 작품특성에 벗어나는 정도로 타거나 익지 않은 경우

　사) 해당 과제의 지급재료 이외 재료를 사용하거나 석쇠 등 요구사항의 조리기구를 사용하지 않은 경우

　아) 지정된 수험자 지참준비물 이외의 조리기구를 조리에 사용한 경우

　자) 가스레인지 화구 2개 이상(2개 포함) 사용한 경우

　차) 시험 중 시설 · 장비(칼, 가스레인지 등) 사용 시 시험위원 및 타 수험자의 시험 진행에 위해를 일
　　　으킬 것으로 시험위원 전원이 합의하여 판단한 경우

　카) 요구사항에 표시된 실격 및 부정행위에 해당하는 경우

❼ 항목별 배점은 위생상태 및 안전관리 5점, 조리기술 30점, 작품의 평가 15점입니다.

❽ 시험시작 전 가벼운 몸 풀기(스트레칭) 동작으로 긴장을 풀고 시험을 시작합니다.

학습평가

학습내용	평가항목	성취수준		
		상	중	하
초밥용 밥 준비	초밥용 밥을 준비할 수 있다.			
용도별 롤 초밥 재료 준비	롤 초밥의 용도에 맞는 재료를 준비할 수 있다.			
고추냉이와 부재료 준비	고추냉이(가루, 생)와 부재료를 준비할 수 있다.			
초밥용 배합초 재료 준비	초밥용 배합초의 재료를 준비할 수 있다.			
초밥용 배합초 조리	초밥용 배합초를 조리할 수 있다.			
	용도에 맞게 다양한 배합초를 준비된 밥에 뿌릴 수 있다.			
롤 초밥 재료의 모양 준비	롤 초밥의 모양과 양을 조절할 수 있다.			
롤 초밥 조리	신속한 동작으로 만들 수 있다.			
	용도에 맞게 다양한 롤 초밥을 만들 수 있다.			
롤 초밥 기물 선택	롤 초밥의 종류와 양에 따른 기물을 선택할 수 있다.			
롤 초밥 담기	롤 초밥을 구성에 맞게 담을 수 있다.			
곁들임 담기	롤 초밥에 곁들임을 첨가할 수 있다.			

작품사진

(실습 작품 첨부)

김초밥

(まきずし | 마키즈시)

지급재료

김(초밥김) 1장, 밥(뜨거운 밥) 200g, 달걀 2개, 박고지 10g, 통생강 30g, 청차조기잎
(시소, 깻잎으로 대체 가능) 1장, 오이(가늘고 곧은 것, 20cm) 1/4개, 오보로 10g, 식초
70㎖, 백설탕 50g, 소금(정제염) 20g, 식용유 10㎖, 진간장 20㎖, 맛술(미림) 10㎖

＊박고지 조림장
물 1/2C, 청주 1Ts, 설탕 1Ts, 진간장 1Ts

＊달걀말이
달걀 2개, 다시 1Ts, 설탕 1/2ts, 소금 · 진간장 · 맛술(약간씩)

❶ 모든 재료를 확인하고 분리한 후 청차조기잎은 찬물에 담근다.

❷ 박고지는 씻어서 따뜻한 물에 불리고, 생강은 얇게 편으로 자른 후 끓는 물에 데쳐 찬물에 식혀준다.

❸ 배합초(식초 3큰술, 설탕 2큰술, 소금 1큰술)를 녹여 일부는 밥에 버무려 젖은 면포로 덮어두고, 나머지 배합초는 데친 생강에 담가 초생강을 만든다.

❹ 박고지는 김 길이로 자른 후 냄비에 물, 청주, 설탕, 진간장을 넣고 윤기가 나도록 조려준다.

❺ 달걀은 다시, 설탕, 소금, 진간장, 맛술을 넣고 풀어준 후 체에 걸러 팬에서 달걀말이를 완성해서 식히고 두께 1cm 정도의 김 길이로 잘라준다.

❻ 오이는 김 길이로 자른 후 속의 씨를 도려내고 1cm 정도의 두께로 잘라준다.

❼ 손식초를 만들어 준비하고, 김발 위에 김을 올리고 초밥을 5/6 정도 골고루 펴준다.

❽ 펴 놓은 초밥 가운데 오보로와 달걀말이, 오이, 박고지를 올리고 사각형으로 말아 김초밥을 8조각으로 자른다.

❾ 완성그릇에 김초밥을 담고, 오른쪽 하단에 청차조기잎과 초생강으로 장식한다.

핵심

- 박고지는 장기간 보관하기 위해 화학약품을 사용하였으므로 충분히 불린 후 깨끗이 씻은 다음 조리는데 간이 완전히 배이고 윤기가 나도록 조려준다.
- 통생강은 껍질을 벗기고 얇게 편으로 썰어 끓는 물에 데쳐 아린맛을 제거하고 찬물에 씻은 후 생강초에 넣어 간이 배도록 담가둔다.
- 손식초는 물 7 : 식초 3 정도의 배율로 희석하여 만들어 손의 살균작용과 밥알이 손에 달라붙지 않도록 해 준다.
- 김의 거친 면을 위로 향하게 해서 말아야 김초밥의 형태가 좋고 입안에서 느껴지는 감촉이 좋아진다.
- 너무 단단하게 말은 김초밥은 딱딱한 식감으로 좋지 않다.
- 김초밥을 자를 때 칼에 약간의 물기를 묻히면 김초밥 단면을 깨끗하게 자를 수 있다.

※ **주어진 재료를 사용하여 김초밥을 만드시오.**

㉮ 박고지, 달걀말이, 오이 등 김초밥 속재료를 만드시오.

㉯ 초밥초를 만들어 밥에 간하여 식히시오.

㉰ 김초밥은 일정한 두께와 크기로 8등분하여 담으시오.

㉱ 간장을 곁들여 제출하시오.

유의사항

❶ 만드는 순서에 유의하며, 위생과 숙련된 기능평가를 위하여 조리작업 시 맛을 보지 않습니다.

❷ 지정된 수험자 지참준비물 이외의 조리기구나 재료를 시험장 내에 지참할 수 없습니다.

❸ 지급재료는 시험 전 확인하여 이상이 있을 경우 시험위원으로부터 조치를 받고 시험 중에는 재료의 교환 및 추가지급은 하지 않습니다.

❹ 요구사항 및 지급재료의 규격은 "정도"의 의미를 포함하며, 재료의 크기에 따라 가감하여 채점됩니다.

❺ 위생복, 위생모, 앞치마, 마스크를 착용하여야 하며, 시험장비 · 조리기구 취급 등 안전에 유의합니다.

❻ 다음 사항은 실격에 해당하여 채점 대상에서 제외됩니다.

　가) 수험자 본인이 시험 도중 시험에 대한 포기 의사를 표현하는 경우

　나) 실격

　나) 위생복, 위생모, 앞치마, 마스크를 착용하지 않은 경우

　다) 시험시간 내에 과제 두 가지를 제출하지 못한 경우

　라) 문제의 요구사항대로 과제의 수량이 만들어지지 않은 경우

　마) 구이를 조림 등으로 조리하여 완성품을 요구사항과 다르게 만든 경우

　바) 불을 사용하여 만든 조리작품이 작품특성에 벗어나는 정도로 타거나 익지 않은 경우

　사) 해당 과제의 지급재료 이외 재료를 사용하거나 석쇠 등 요구사항의 조리기구를 사용하지 않은 경우

　아) 지정된 수험자 지참준비물 이외의 조리기구를 조리에 사용한 경우

　자) 가스레인지 화구 2개 이상(2개 포함) 사용한 경우

　차) 시험 중 시설 · 장비(칼, 가스레인지 등) 사용 시 시험위원 및 타 수험자의 시험 진행에 위해를 일으킬 것으로 시험위원 전원이 합의하여 판단한 경우

　카) 요구사항에 표시된 실격 및 부정행위에 해당하는 경우

❼ 항목별 배점은 위생상태 및 안전관리 5점, 조리기술 30점, 작품의 평가 15점입니다.

❽ 시험시작 전 가벼운 몸 풀기(스트레칭) 동작으로 긴장을 풀고 시험을 시작합니다.

학습평가

학습내용	평가항목	성취수준		
		상	중	하
초밥용 밥 준비	초밥용 밥을 준비할 수 있다.			
용도별 롤 초밥 재료 준비	롤 초밥의 용도에 맞는 재료를 준비할 수 있다.			
고추냉이와 부재료 준비	고추냉이(가루, 생)와 부재료를 준비할 수 있다.			
초밥용 배합초 재료 준비	초밥용 배합초의 재료를 준비할 수 있다.			
초밥용 배합초 조리	초밥용 배합초를 조리할 수 있다.			
	용도에 맞게 다양한 배합초를 준비된 밥에 뿌릴 수 있다.			
롤 초밥 재료의 모양 준비	롤 초밥의 모양과 양을 조절할 수 있다.			
롤 초밥 조리	신속한 동작으로 만들 수 있다.			
	용도에 맞게 다양한 롤 초밥을 만들 수 있다.			
롤 초밥 기물 선택	롤 초밥의 종류와 양에 따른 기물을 선택할 수 있다.			
롤 초밥 담기	롤 초밥을 구성에 맞게 담을 수 있다.			
곁들임 담기	롤 초밥에 곁들임을 첨가할 수 있다.			

작품사진

(실습 작품 첨부)

  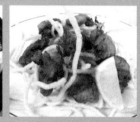

Japanese Cuisine

제3장

복어조리 실무

복어의 각 부위별 명칭인 가식 부위와 비가식 부위를 구별한다.

1) 가식 부위

걸껍질, 머리, 몸살, 뼈, 속껍질, 입, 지느러미, 정소

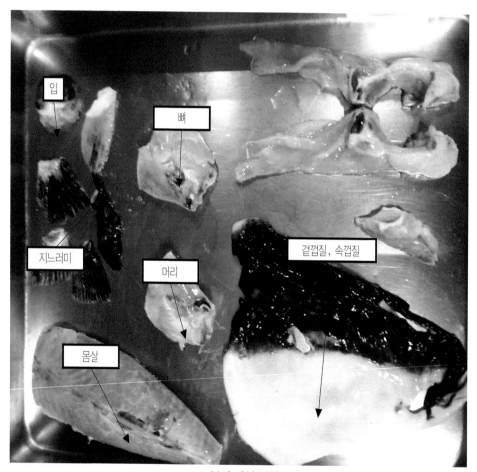

▲ 복어 가식 부위

2) 비가식 부위

간, 난소, 식도, 쓸개, 심장, 아가미, 안구, 위, 장, 피, 점막이나 조직의 파편

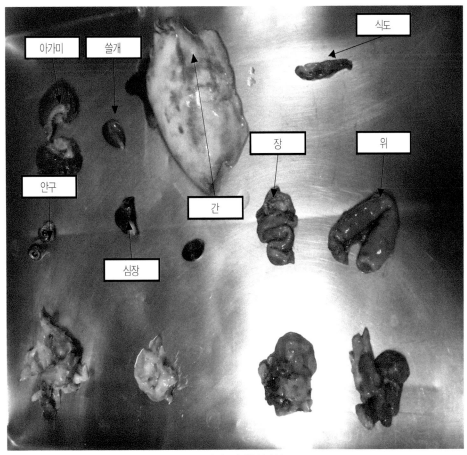

▲ 복어 비가식 부위

2 복어 독의 제거

복어에는 테트로도톡신이라는 무색, 무미, 무취의 맹독이 있어서 동물성 식중독의 대표적인 사례이다. 복어를 조리할 때 반드시 이 독을 제거해야 한다.

1) 독소의 분포

복어의 독은 간, 난소, 눈알, 혈액에 다량 존재하는 것으로 알려져 있으며, 수컷의 정소는 식용 가능한데, 미성숙한 난소와 착각하지 않도록 각별히 조심해야 한다.

2) 독소의 제거

눈알, 난소, 혈액, 점액질 제거 시 난소와 정소의 구별이 어려울 때는 모든 내장을 버리면 안전하다. 복어의 내장은 '복어내장'이라고 표기해서 별도로 폐기해야 한다. 돼지 등 가축의 사료로 혼입되면 가축들이 희생될 수 있다. 복어의 살, 근육에는 독소가 별로 없는데 혈액 중에 존재하므로 복어의 뼛속 골수를 가늘고 긴 쇠꼬챙이로 후벼 파서 골수 속에 있는 혈액을 제거하고 흐르는 찬물로 씻어낸다.

복어 제독순서

❶ 복어는 흐르는 수돗물로 외부를 깨끗이 씻어 칼판에 올린다.

❷ 복어의 머리 쪽을 왼쪽으로 놓고 배꼽 지느러미, 등쪽 지느러미, 왼쪽 가슴지느러미, 오른쪽 지느러미 순으로 잘라낸다.

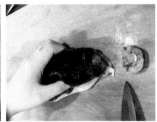

▲ 입부분 분리

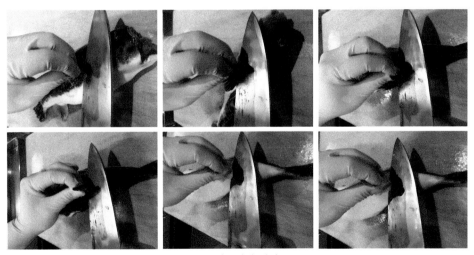

▲ 지느러미 제거

❸ 입 부위와 눈 사이에 칼을 넣어 주둥이를 잘라낸다. 이때 혀는 자르지 않도록 한다. 주둥이는 윗니 사이에 칼을 넣어 자른 다음 소금으로 깨끗이 손질하여 끓는 물에 살짝 데쳐낸다.

❹ 주둥이를 자른 몸체는 머리 쪽을 자신 쪽(조리인)으로 놓고 머리 쪽의 왼쪽 눈과 배 껍질과 살 사이에 칼을 넣어 껍질의 위아래를 분리하여 꼬리까지 자르고 오른쪽도 왼쪽과 같은 방법으로 껍질을 자른 다음 등 쪽을 위로 하고 꼬리 쪽의 껍질과 살 사이에 칼을 넣어 껍질을 자른다.

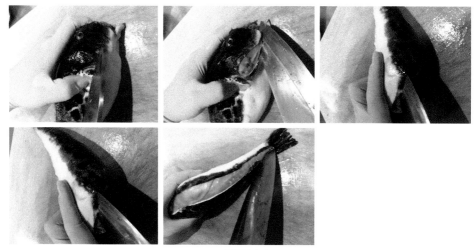

▲ 칼집 넣기

❺ 꼬리 쪽의 껍질을 잡고 머리 쪽으로 당기면서 붙어 있는 곳은 칼을 넣어 껍질을 벗기고 반대쪽도 같은 방법으로 껍질을 벗긴다. 이렇게 하여 몸체와 껍질을 완전히 분리한다.

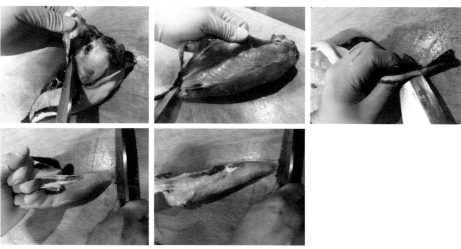

▲ 껍질 벗기기

❻ 아가미 쪽 가슴살과 내장이 있는 부위와 살과 뼈 부위를 분리하고 다시 아가미살과 내장을 분리한다.

 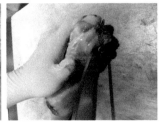 

▲ 안구 제거

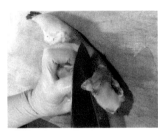 

▲ 아가미와 아가미 뚜껑 사이에 칼집 넣기

▲ 아가미살 · 내장 부위 분리

▲ 머리 부분 분리

▲ 머리 부분 손질

▲ 몸통살 손질

▲ 아가미살과 내장 부위 사이
칼집 넣기

▲ 아가미살과 내장 부위 분리

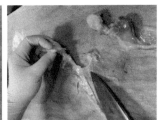

▲ 아가미살 손질하기

❼ 내장과 함께 있는 정소(이리) 부분은 식용 부분이므로 분리하여 소금으로 잘 손질하여 끓는 물에 살짝 익혀 일품요리나 냄비요리 등의 고가 요리에 사용한다. 생선살을 세 장 뜨기하여 회용, 지리 냄비용, 튀김용 등으로 분리한다. 머리는 특히 눈 부위를 손질할 때 반드시 주의해야 한다.

▲ 불가식 부위 모으기

❽ 손질한 복어는 흐르는 수돗물에 5~6시간 동안 담가두어 피를 제거하고 철저한 해독작업을 한다.

❾ 횟감용은 물기가 없는 면포로 가볍게 싸서 물기를 줄여준다. 속껍질을 소금으로 깨끗이 손질하여 겉껍질과 분리하며 겉껍질은 잘 드는 칼로 가시를 밀어 제거한 후 끓는 물에 데친다.

❿ 겉껍질은 콜라겐 성분이 많아 높은 열에는 쉽게 녹으므로 살짝 데치고 준비한 얼음물에 넣어 빨리 식힌 다음 수분을 제거하여 회, 무침 요리에 사용한다.

⓫ 안쪽 껍질은 약간 강한 불에 3~5분간 삶아 익힌 다음 찬물에 식혀 수분을 제거하여 사용한다.

1) 가다랑어포[가쓰오부시(鰹節 : かつおぶし)]

다시마와 가다랑어포는 일본요리(日本料理)에서 가장 기본적이고 가장 중요한 재료이다. 가다랑어포를 만드는 과정은 가다랑어를 세 장 뜨기하여 고열로 찐 다음 훈제연어를 만드는 것처럼 연기에 그을려 건조시킨 다음 상자와 같은 것에 넣고 곰팡이가 생기도록 한다. 이것을 다시 햇빛에 건조시켜 3개월간 7~8차례 푸른 곰팡이가 생기도록 한 다음 음지에서 수분이 없어질 때까지 잘 건조하여 대패밥처럼 깎으면 가다랑어포가 된다.

중앙 부분이 복숭아색을 띠는 것이 상품의 가다랑어포이고, 하나가쓰오(花鰹節)라고도 하는데 그 모양이 꽃과 같다 해서 그렇게 부른다. 이토카키(絲かき)는 실처럼 가늘게 깎은 것을 말한다.

2) 가다랑어포의 종류

(1) 큰 가다랑어포

큰 가다랑어포는 등 쪽을 오부시(雄節)라 하고, 메부시(雌節)는 배 쪽 부위를 말한다.

(2) 작은 가다랑어포

작은 가다랑어포는 일반적으로 다시 국물요리에 많이 사용하는데 작은 가다랑어를 세 장 뜨기하여 손질해서 만든 것이다.

3) 다시마의 산지

일본에서 다시마는 90%가 북해도(홋카이도)에서 생산된다. 그것은 북해도의 차가운 해수가 다시마가 잘 자라는 데 적합하기 때문이다.

4) 다시마의 종류

① 참다시마[마콘부(眞昆布 : まこんぶ)]

마콘부(眞昆布 : まこんぶ)에서 마(眞)라는 글자가 앞에 붙은 것은 다시마 중 으뜸이라는 뜻이다. 길이가 3m, 폭은 50cm 정도 되고, 특유의 끈적거리는 맛이 없는 것이 특징이다.

② 리시리(지역명)콘부(利尻昆布 : リしりこんぶ)

일반 음식점에서 많이 사용하는 리시리콘부는 마콘부와 비슷하다. 향도 있고, 색도 잘 들지 않고, 폭이 좀 좁고 얇은 편인 것이 특징이다.

③ 라우스(지역명)콘부(羅臼昆布 : らうすこんぶ)

라우스콘부는 리시리콘부와 비슷하다. 부드럽고 색이 나와서 노랗게 물이 들고 향과 맛이 비교적 강하게 느껴지는 것이 특징이다.

④ 미쓰이시(지역명)콘부(三石昆布 : みついしこんぶ), 히다카(지역명)콘부(日高昆布 : ひだかこんぶ)

라우스콘부와 비슷한 미쓰이시콘부는 라우스콘부와 비슷한데 다시마의 맛이 강하게 우러나오고, 색도 많이 나고 부드러운 것이 특징이다.

5) 기본 양념

① 청주[사케(酒 : さけ)]

술은 요리에 풍미를 더해주고, 어패류나 닭 등의 비린내나 냄새를 없애주기도 하고, 숙성에 의해 생기는 양조술에는 깊은 감칠맛과 향기가 있으며 합성술과 비교해 볼 때 요리에 더해주는 풍미는 매우 차이가 있다.

② 소금[시오(塩 : しお)]

미생물의 번식을 억제하고 부패를 방지한다. 소금의 양이 많을수록 효과는 더 크다. 생선살을 단단하게 하고 비린내를 제거하는 동시에 생선의 살이 부스러지는 것을 방지한다. 녹색 채소의 색을 안정시키고 선명하게 한다. 채소가 지닌 여분의 수분을 제거하고 탄력 있게 한다.

4 복어 맑은탕 조리

맑은탕은 일본어 지리나베를 우리말로 표현한 것으로 흰살생선을 손질하여 버섯, 당근, 미나리, 두부, 무, 배추 등의 부재료와 함께 냄비에 끓여서 폰즈소스에 찍어 먹는 일본식 국물조리이다. 한국에는 도미지리, 복지리 등이 있다.

(1) 복어 맛국물 전처리

① 냄비를 준비한다.

② 찬물 1.8L를 준비한다.

③ 건다시마 20g의 불순물을 면포로 닦아낸다.

④ 복어를 세 장 뜨기한 후 남은 가운데 뼈를 길이 4~5cm로 절단한다.

⑤ 길이 4~5cm로 절단한 복어를 뜨거운 물에 데친다.

⑥ 데친(시모후리) 복어를 얼음물에 식힌다.

▲ 냄비 준비하기

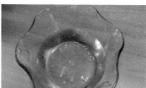
▲ 찬물 준비하기

▲ 건다시마 준비하기

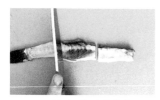
▲ 복어 뼈 절단하기

▲ 복어 뼈 데치기

▲ 얼음물에 식혀 물기 제거하기

(2) 다시마 맛국물 조리

① 건다시마의 표면에 묻은 불순물을 면포를 이용해 제거한다.

② 냄비에 찬물과 건다시마를 넣고 은근히 끓인다.

③ 물이 끓기 직전에 다시마를 건진다.

④ 우려낸 다시마 국물에 청주와 소금으로 양념을 한다.

⑤ 거품을 제거한다.

▲ 건다시마 손실하기

▲ 찬물에 다시마 넣고 끓이기

▲ 끓기 직전 다시마 건지기

▲ 다시마 국물에 양념하기

▲ 거품 제거하기

(3) 복어 뼈 맛국물 조리

① 냄비에 다시마국물 500mL와 복어 뼈 60g을 넣고 복어 뼈 국물을 서서히 끓인다.

② 복어 뼈 국물이 끓으면 거품을 걷어내면서 서서히 끓인다.

③ 마지막에 청주와 소금으로 양념을 한다.

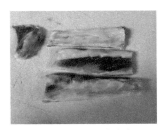
▲ 복어 뼈 준비하기

▲ 복어 뼈 데치기

▲ 복어 뼈 국물 준비하기

▲ 복어 뼈 국물 끓이기

▲ 국물 양념하기

(4) 맑은탕 용도로 복어 처리

   ① 복어 껍질을 벗기고 복어 몸통을 40~50g 크기로 절단한다.

   ② 절단한 복어를 흐르는 물에 담가 핏기를 제거한다.

   ③ 손질하여 절단한 복어 토막을 끓는 물에 살짝 데쳐 얼음물에 식혀서 물기를 제거한다.

   ④ 쇠꼬챙이로 뼈에 난 구멍을 쑤셔서 골수와 함께 혈액을 제거한다.

   ⑤ 손질한 복어 토막을 흐르는 물에 담가 헹군다.

▲ 복어 머리에서 눈알 빼기

▲ 다른 쪽 눈알 빼기

▲ 머리를 반으로 가르기

▲ 머리에서 피와 불순물 긁어내기

▲ 복어 몸통에서 살 뜨기

▲ 토막내기

▲ 끓는 물에 데치기(시모후리)

▲ 건져서 얼음물에 헹구기

(5) 부재료 손질

   ① 두부는 두께 1cm, 너비 3cm, 길이 5cm 정도의 직사각형으로 썬다.

   ② 대파는 한입 크기로 어슷하게 썬다.

▲ 두부 모양내기

▲ 모양낸 두부 자르기

▲ 대파 어슷하게 자르기

③ 팽이버섯은 밑동을 자르고 찢어서 씻어둔다.

④ 표고버섯은 칼집을 넣어 별모양으로 모양을 낸다.

⑤ 당근, 무는 매화꽃이나 은행잎 모양을 만든다.

▲ 표고에 칼집 넣기

▲ 꽃당근 만들기

▲ 무 은행잎 모양 자르기

⑥ 배추는 데쳐서 밑동 부근의 두꺼운 부분은 얇게 포를 떠내고, 미나리는 깨끗하게 다듬어서 가지런히 잘라둔다. 때로는 미나리를 배추 속에 넣고 말아서 모양을 내기도 한다.

▲ 무, 당근 삶다가 배추 삶기

▲ 데친 채소 찬물에 헹구기

▲ 삶은 배추 두꺼운 부분 얇게
　　잘라내기

▲ 배추 말기

▲ 말아놓은 배추 잘라 세워 담기

⑦ 떡을 구우면 서로 달라붙는 것을 방지하기 위해 떡의 표면에 전분을 묻히고 석쇠 위에 올려 노릇하게 굽는다.

▲ 복떡 굽기

(6) 양념장 준비

① 손질한 다시마를 찬물에 넣고 불을 켜고 물이 끓기 시작하면 불을 끈다.

② 간장, 맛국물, 식초, 레몬즙을 섞어서 폰즈(ポン酢)소스를 만든다.

③ 실파는 깨끗하게 다듬어 물기를 제거하고 송송 썰기한다.

④ 무즙(오로시)에 고춧가루를 섞어 빨간 무즙(아카오로시)를 만든다.

⑤ 레몬은 8등분하여 웨지형으로 만든다.

⑥ 무는 강판에 갈아 무즙을 만들고, 체에 걸러 물기를 제거한 다음 고운 고춧가루를 섞어 빨간 무즙(아카오로시)을 만든다.

▲ 무 강판에 갈기

▲ 강판에 간 무즙을 체에 걸러 물기 제거하기

▲ 마른 고춧가루를 물에 불리기

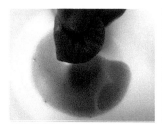

▲ 불린 고춧가루에서 붉은 고춧물 짜기

▲ 고춧물에 무즙 무치기

▲ 고춧물에 물들인 무즙을 야마모리로 만들기

⑦ 양념 종지에 아카오로시, 폰즈, 실파, 레몬을 담아 초간장 양념을 제공한다.

5 복어 회 국화모양조리

1) 복어살 전처리 작업하기

(1) 복어살 전처리

가) 생선 포뜨기의 종류와 특징

일본요리에서 일반적으로 가장 많이 사용하는 생선포 뜨기(오로시)의 종류는 다음과 같다.

① 두 장 뜨기[니마이오로시(にまいおろし)]

두 장 뜨기는 생선 포뜨기의 한 종류이며 머리를 자르고 난 후 씻어서 살을 오로시하고 중간 뼈가 붙어 있지 않게 살이 2장이 되게 하는 방법이다.

② 세 장 뜨기[삼마이오로시(さんまいおろし)]

세 장 뜨기는 기본적인 생선 포뜨기의 한 방법으로 생선을 위쪽 살, 아래쪽 살, 중앙뼈의 3장으로 나누는 것을 말한다. 생선의 중앙뼈에 붙어 있는 살의 뼈를 아래에 두고, 이 뼈를 따라 칼을 넣어, 살을 분리한다.

③ 다섯 장 뜨기[고마이오로시(ごまいおろし)]

다섯 장 뜨기는 생선의 중앙 뼈를 따라 칼집을 넣어서 일차적으로 뱃살을 떼어내고, 등 쪽의 살도 떼어낸다. 결과물이 배 쪽 2장, 등 쪽 2장, 중앙 뼈 1장이 된다. 이것을 다섯 장 뜨기라고 한다. 이 방법은 평평한 생선인 광어와 가자미 등에 주로 이용된다.

④ 다이묘 포뜨기[다이묘오로시(だいみょおろし)]

다이묘 포뜨기는 세 장 뜨기의 한 가지로 생선의 머리 쪽에서 중앙 뼈에 칼을 넣고 꼬리 쪽으로 단번에 오로시하는 방법이다. 이 방법은 중앙 뼈에 살이 남아 있기 쉽기 때문에 붙여진 이름이다. 작은 생선에 주로 이용되며 보리멸, 학꽁치 등에 적당하다.

나) 복어 세 장 뜨기

① 껍질을 제거한 복어는 물기를 제거한다. 꼬리는 왼쪽, 머리는 오른쪽 방향
으로 놓고 중앙 뼈의 윗부분에 최초의 칼집을 넣어 포를 뜨기 시작한다.

▲ 복의 꼬리는 왼쪽, 머리는 오른쪽으로 두기 – 중앙 뼈 윗부분에 최초의 칼집 넣기

② 윗부분에 전체적인 칼집을 넣고 표면이 매끄러워 보이게 뼈와 살을 분리
한다.

▲ 칼집 넣기

③ 등 쪽에도 칼집을 넣고 포를 뜨며 중앙 뼈까지 칼집을 넣는다.

▲ 등 쪽에 칼집 넣기

④ 살을 잡고 중앙 뼈에 붙어 있는 살을 도려낸다.

▲ 살 도려내기

⑤ 남은 한쪽은 뒤집어 꼬리는 왼쪽, 머리 부분은 오른쪽을 향해 포를 뜬다.

▲ 반대편으로 돌리기

⑥ 중앙 뼈를 기준으로 등 쪽을 시작으로 포를 뜬다.

▲ 중앙 뼈 위로 칼집 넣기

⑦ 살과 뼈를 분리하고 뼈는 4∼5cm 크기로 잘라서 잔 칼집을 내고 흐르는
물에 담가 놓고 냄비용 또는 튀김용으로 이용한다.

▲ 완성된 복어 세 장 뜨기

(2) 복어살 처리

가) 생선 비린내 제거방법

생선 비린내의 주성분은 트리메틸아민(TMA)이며 이 물질은 수용성으로 근육
중 수분과 혈액 속에 함유되어 있다. 생선이 살아 있을 때에는 트리메틸아민옥사
이드의 형태로 존재하다가 생선이 죽고 시간이 경과하면 세균의 작용을 받아 트
리메틸아민이 된다. 생선을 조리할 때 비린내를 억제하는 방법은 다음과 같다.

① 물로 씻기

생선 비린내의 주성분인 트리메틸아민은 수용성으로서 근육 및 표피의 점액
중에 용해되어 있다. 그러므로 생선을 물로 씻으면 비린내를 많이 제거할 수 있
다. 그러나 생선을 썰어서 단면을 여러 번 물로 씻으면 지미성분까지 용출되므로
찬물로 한번 살짝 씻는 것이 좋다.

② 산 첨가

생선을 조리할 때 산을 첨가하면 트리메틸아민과 결합하여 냄새가 없는 물질
을 생성한다. 식초, 레몬즙, 유자즙과 같이 산을 함유한 즙을 사용하면 비린내가
많이 줄어든다. 생선회에 레몬조각이 같이 나오는 것은 레몬의 향미와 함께 비린
내를 제거함이 목적이다. 생선초밥을 식초, 소금, 설탕으로 양념하는 것도, 생선
초무침에 식초를 넣는 것도 같은 목적이다.

③ 간장과 된장 첨가

간장은 생선의 맛에 풍미를 주고 생선살에 침투하여 단백질의 응고를 촉진시켜 살을 단단하게 한다. 날생선을 간장에 담가두면 단백질 중의 글로불린을 용출시키는 동시에 비린내도 용출시킨다. 된장은 독특한 향미를 가진 콜로이드상의 조미료이다. 콜로이드상의 물질은 흡착성이 강하여 비린내 성분을 흡착시켜 비린 맛을 못 느끼게 한다.

나) 복어살 처리하기

① 복어 표면의 엷은 막은 질겨서 횟감용으로 부적절하므로 제거할 준비를 한다.

▲ 복어살 준비하기

② 복어살의 엷은 막을 제거하기 위하여 꼬리 부분을 시작으로 칼집을 넣는다.

▲ 꼬리 부분부터 칼집 넣기

③ 꼬리 쪽에 비스듬하게 칼집을 넣어 엷은 막을 제거한다.

▲ 꼬리 부분의 엷은 막 제거하기

④ 껍질 쪽의 엷은 막을 제거하기 위하여 복어살의 위치를 머리는 왼쪽, 꼬리
는 오른쪽으로 이동시킨다.

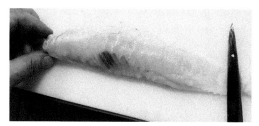

▲ 복어살 위치 이동하기

⑤ 껍질 부분의 엷은 막을 제거하기 위해 꼬리(오른쪽)에서 머리(왼쪽)방향으
로 바닥에 칼을 눕혀 위아래로 칼을 이동하여 제거한다.

▲ 엷은 막 제거하기

⑥ 제거되지 않은 부분을 확인하여 엷은 막을 깔끔하게 제거한다.

▲ 꼬리 부분 엷은 막 제거하기

⑦ 배꼽 부분의 빨간 살 부분을 제거하면서 주변의 주름막도 제거한다.

▲ 배꼽 부분 막 제거하기

⑧ 마지막으로 뼈에 붙어 있는 복어살 부분의 엷은 막을 제거한다.

▲ 뼈 쪽 살 엷은 막 제거하기

⑨ 부위별 막을 확인하고 제거되지 않은 막이 있는지 확인한다.

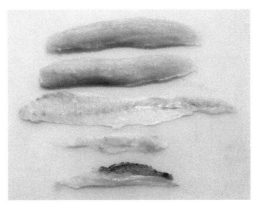

▲ 부위별 엷은 막 제거 완성하기

⑩ 전처리한 복어살은 소금물에 담가 어취와 수분을 제거하고 마른행주에 말
아 횟감용으로 사용한다.

2) 복어 회뜨기

(1) 복어살의 특징과 효능

가) 복어의 개요

복어에 함유되어 있는 테트로도톡신(Tetrodotoxin)은 맹독성으로 소량만 섭
취해도 생명을 위협할 정도로 위험하지만, 피, 내장, 알, 간, 눈 등의 부위만 먹
지 않으면 다른 생선과 비교할 수 없을 정도로 감칠맛이 나서 미식가를 사로잡고
있다. 전 세계적으로 약 120종류가 있는 것으로 알려져 있으나, 이 가운데 우리
나라와 일본 근해에 분포하는 것은 약 38종류이다. 시장성이 높은 것은 복어아목

(䰡目) 참복과에 속하는 검복, 자주복, 검자주복의 3종류가 있다. 보통 성인 남자를 기준으로 했을 때 치사량은 테트로도톡신 2mg인데 여름철에 맹독을 가진 복어 한 마리가 33명의 목숨을 앗아갈 수 있을 정도이다.

나) 복어의 영양 및 효능

복어에는 고도 불포화지방산인 EPA(Eisosa Pentaenoic Acid)와 DHA(Docosa Hexaenoic Acid)가 비교적 많이 함유되어 있는 것으로 보고되고 있다. 복어 회는 가공, 조리에 의한 영양소의 파괴 없이 영양을 효과적으로 잘 이용할 수 있고 복어 한 마리를 기준으로 할 때, 저칼로리(84~85㎉), 고단백(17.6~20.0%), 저지방(0.1~1%)이며, 각종 무기질과 비타민이 함유되어 있어 다이어트 식품이며 숙취의 원인을 제거하는 역할을 한다. 특히 수술 전후의 환자 회복 및 당뇨병, 신장 질환자의 식이요법에 적합한 것으로 여겨 왔으며 갱년기 장애인 혈전과 노화를 방지하고 폐경이 연장되며 암, 궤양, 신경통, 해열, 파상풍 환자 등에도 좋다.

다) 복어살의 숙성

생선회는 씹었을 때 육질이 단단하게 느껴지는 씹힘성과 혀에 느껴지는 미각이 맛을 판별하는 데 가장 큰 영향을 끼치는데, 대표적으로 광어, 도미, 복어 등과 같은 흰살생선이 쫄깃쫄깃한 육질을 갖고 있다. 어육의 근육에는 근기질 단백질의 일종인 콜라겐이 존재하며, 육질이 단단한 어종일수록 콜라겐의 함량이 높고 콜라겐 중에서도, V형 콜라겐이 생선회의 단단함에 관여하는 것으로 알려져 있다. V형 콜라겐은 세포와 세포를 연결시켜 주는 역할을 하며, 근육 중의 V형 콜라겐이 붕괴하면 근육이 연화된다. 또 어종에 따라 육질의 단단함은 차이가 큰데 복어는 사후에 하루가 지나도 육질의 단단함이 떨어지지 않는 반면 정어리같이 육질이 연한 생선은 사후에 바로 연해진다.

사후경직은 근육이 사후에 점점 굳어지며 투명도를 잃게 되어, 어육(魚肉) 그 자체가 경직되는 현상이다. 사후경직 개시까지의 시간 및 경직이 풀리는 해경(解硬)까지의 시간은 각종 어류의 생리적인 조건과 치사조건, 어체의 크기, 저장온도 등의 많은 요인이 밀접한 관계가 있다. 보편적으로 복어살의 숙성은 복어 횟감을 전처리한 후 4℃에서 24~36시간, 12℃에서 20~24시간, 20℃에서 12~20시간 소요된다.

라) 부패와 삼투압 작용

어류의 부패는 어육류 속에 함유되어 있는 단백질이 세균에 의해 단백질 효소를 방출하여 분해되어 좋지 않은 냄새와 알레르기를 유발할 수 있는 상태를 말한다. 어류의 자가소화는 육류의 숙성과는 다르기 때문에 미생물의 번식이 병행되어 부패를 가져오게 된다.

부패되기 쉬운 조건(세균이 생육하기 좋은 조건)으로 적당한 수분과 온도(20~40℃)를 들 수 있다. 식품의 부패를 방지하기 위한 방법으로 냉동, 냉장, 훈연 등의 방법이 있고 보통 어류에는 소금을 사용하여 염장시키는 방법을 사용해 왔다. 즉, 어류에 소금을 뿌리면 단백질 분해효소를 방출하는 세균 등의 미생물 안쪽(농도가 낮음)에서 바깥쪽(농도가 높음)으로 물이 빠져나가 세균을 사멸시킴으로써 부패현상을 방지할 수 있다.

이러한 삼투압 작용에 의해 단백질 분해효소 작용과 수분 활성도가 억제됨으로써 복어 회의 탄력에도 영향을 미치게 된다.

마) 숙성수의 작용

어류는 수분의 함유량이 60~90% 정도이며, 일반 성분이 가장 많은 특성에 맞춰 저장성, 형태, 성분의 변화 및 가공의 적성 등에 영향을 미치는 요인이 된다. 염수의 구성은 물(H_2O)과 소금(NaCl)으로 되어 있어 NaCl에서 이온화 과정을 거치면 Na^+와 Cl^-로 나누어지고, Na^+는 알칼리의 성질을 띠므로 염수 자체 내의 전체적인 비율이 알칼리성으로 기울게 된다. 복어에 함유되어 있는 독성인 테트로도톡신은 약산성에는 안정하나 알칼리성에는 불안정해지므로 복어를 즉살한 후 방혈시켜 일정 염수(숙성수)에서 일정 시간 동안 숙성과정을 거치는 작업을 한다. 또 식염은 세균이 분비하는 단백질 분해효소의 작용을 방해하여 단백질 분해효소가 작용할 펩타이드 결합(peptide bond) 위치에 먼저 결합하여 효소가 결합하는 것을 막아 효소를 불활성화하는 역할을 한다.

그 결과 어류는 염수에 담가놓음으로써 각종 미생물들이 생육할 수 있는 수분을 제거해 부패세균의 번식을 막고, 재료의 산화도 방지할 수 있다. 어류의 숙성수는 생태학적인 환경 특성과 보통 해수의 연안수 유입 및 위치적 조건을 고려하여 해수의 평균 염도인 3%로 세척하고 어종에 따라 침수시간을 정하여 어육의 조직감과 기호성 등을 검토하여 사용한다.

(2) 복어 회뜨기 순서

　　복어 횟감의 크기에 따라 폭이 넓고 높으면 회뜨기가 불편하므로 횟감을 효율적으로 사용하기 위하여 두 개로 분리한다. 복어 횟감의 전처리 방법은 다음과 같다.

　　① 복어 횟감을 준비한다.

▲ 복어 횟감 준비하기

　　② 복어 회를 국화모양으로 만들기 위해 횟감용 살을 두 개로 나누어 한쪽은 바깥쪽 국화모양을 위해, 다른 한쪽은 안쪽 국화모양을 위해 준비한다.

▲ 복어 횟감 분리하기

　　③ 칼 전체를 이용하여 3 : 2의 비율로 칼을 약간 기울여 횟감용 살을 두 개로 나눈다.

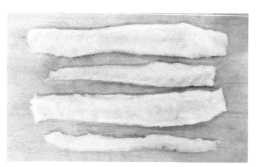

▲ 분리된 복어

④ 복어살의 폭이 넓은 부분은 접시 바깥쪽의 국화모양, 작은 부분은 접시 안쪽의 국화모양으로 사용한다.

▲ 복어 횟감

⑤ 복어 회를 뜨기 전에 마른행주로 감싸서 물기를 제거하며 숙성시켜 놓는다.

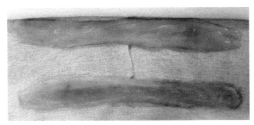

▲ 복어 횟감 수분 제거하기

⑥ 복어 회 자를 준비를 한다. 도마 표면에 이물질이 묻었는지 확인하고 젖은 행주를 준비하여 칼을 청결히 할 수 있도록 준비한다.

⑦ 큰 폭의 복어살을 먼저 사용하고 복어살을 왼쪽 집게손가락으로 살짝 눌러 고정시키면서 칼날 전체를 사용하여 비스듬하게 위에서 아래로 당기는 기분으로 잘라낸다.

▲ 복어 회 자르기

⑧ 복어는 결의 반대방향으로 폭 2~3cm, 길이 6~7cm가 되도록 자른다.

▲ 복어 회 길이와 너비 조절하기

⑨ 일정한 모양과 크기를 나타내기 위해 복어살의 폭이 좁아지면 칼을 눕히고, 길이가 짧아지면 칼을 세워 모양과 크기에 맞춰 잘라낸다.

▲ 칼 각도 조절하기

⑩ 복어 회를 자를 때 물기가 많으면 행주로 닦아주고, 칼에 묻은 복어살의 찌꺼기들도 젖은 행주로 닦으면서 회를 잘라낸다.
⑪ 손에 묻은 끈적한 점액성분도 닦으면서 청결을 유지한다.

(3) 복어 회 모양내기 순서

① 자른 복어 회 단면에 넓은 쪽으로 비스듬히 칼을 넣어 복어살의 끝부분이 찢어지지 않도록 왼손의 엄지와 검지, 가운뎃손가락을 사용하여 끝부분을 접는다.

② 복어의 끝선은 반듯하고 동일한 크기와 두께로 접어둔다.

▲ 복어 회 길이와 너비 조절하기

③ 자른 복어 회 단면에 넓은 쪽으로 비스듬히 칼을 넣어 복어살의 끝부분이 찢어지지 않도록 왼손의 엄지와 검지, 가운뎃손가락을 사용하여 끝부분을 접는다.

④ 복어 회는 국화모양으로 표현하기 위해 삼각모양을 유지한다.

⑤ 접시 바깥쪽의 국화모양 부위보다 안쪽의 국화모양 부위를 짧게 잘라 국화꽃 모양을 표현하며 자른다.

▲ 복어 회 삼각 접기

3) 복어 회 국화모양 접시에 담기

(1) 복어 회 국화모양으로 담기

가) 복어 회뜨기

복어는 육질이 매우 탄력 있고 쫄깃한 식감을 가지고 있어서 자르는 방법이 매우 중요하다. 복어 생선회를 국화꽃 모양으로 둥근 접시에 회를 얇고, 길게 잘라 담는 기술을 기쿠모리라고 한다.

나) 복어 회 담기

복어 회 담기는 큰 둥근 접시에 복어 회를 잘라 평평하고 원반 모양에 맞춰 국화모양, 모란꽃 모양 등으로 접시에 담아 표현하는 방법도 있고 학모양, 공작모양 등의 형상에 맞춰 접시를 선택하여 표현하며 즐길 수 있는 방법도 있다.

다) 접시 사용방법

복어 회를 담아내는 접시는 기본적으로 원형 접시를 사용하며, 가능한 한 사각접시와 투명 유리접시는 복어 회의 얇은 특징을 나타내기에 부적합하여 피하는 것이 좋으며, 무늬와 색이 있는 접시를 선택하는 것이 바람직하다. 먼저 그릇의 위아래를 잘 살펴보고 그릇의 그림이 먹는 사람의 정면에 오도록 담는다. 외형으로 구분이 어려울 때에는 그릇 뒤의 만든 사람 이름을 보고 그릇의 위아래를 판단한다. 복어 회는 오른쪽에서 왼쪽으로 담는 것이 기본이고, 그릇의 바깥쪽에서 앞쪽으로 담는다.

라) 복어 회를 완성접시에 국화모양으로 담는 순서

복어 회를 완성접시에 국화모양으로 담는다. 국화모양을 최대한 표현하여 담으며, 복어 회에 비추어 접시의 색깔이 보이도록 담는다.

① 복어 회는 꼬리 쪽부터 머리 쪽으로 당겨 썰어 시계 반대방향으로 원을 그리듯이 일정한 간격으로 겹쳐 담는다.

▲ 복어 회 담기(바깥쪽)

② 안쪽은 바깥쪽보다 작은 크기의 국화모양으로 원을 그리듯이 시계 반대방향으로 겹쳐 담는다.

▲ 복어 회 담기(안쪽)

③ 중앙에는 복어 회를 말아 꽃모양으로 만들어 올려준다.

▲ 복어 회 담기(중간쪽)

④ 복어살(제거한 얇은 막)은 끓는 물에 데쳐서 말린 복어 지느러미와 함께 나비모양으로 장식해 준다.

▲ 복어 회 담기 완성

(2) 곁들임 재료 담기

가) 폰즈[ちりす(치리스), ポン酢]

폰즈는 감귤류를 짜낸 즙에 진간장, 미림, 청주 등을 잘 혼합하여 숙성한 소스이다. 보통 등자나무 열매를 사용하지만, 등자나무 열매 대신에 스다치(酢だち, 초귤)나 유자열매 등을 사용하기도 한다. 폰즈의 간장 맛이 너무 강할 때는 다시마 국물이나 알코올기를 제거한 청주로 맛을 조절한다. 광어, 복어, 도미 등 흰살생선에 잘 어울리는 소스이다.

나) 곁들임 재료 만들기

① 복어 껍질을 준비해 둔다.

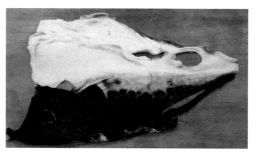

▲ 복어 껍질 준비하기

② 복어 껍질을 평평하게 펼쳐서 칼을 위아래로 밀고 당기며 전진하여 가시를 제거해 준다.

▲ 복어 껍질 가시 제거하기

③ 냄비에 물이 끓으면 복어 껍질이 부드러워질 때까지 삶아준다.

④ 찬물에 담가 열기를 식혀준다.

▲ 복어 껍질 삶기   ▲ 복어 껍질 식히기

⑤ 물기를 닦은 후 랩을 사용하여 복어 껍질을 고루 펼쳐준다.

⑥ 도마 등의 무게가 나가는 물건을 올려 복어 껍질을 굳혀준다.

▲ 복어 껍질 펼치기   ▲ 복어 껍질 굳히기

⑦ 굳힌 복어 껍질을 랩에서 풀어준다.

▲ 복어 껍질 랩에서 벗기기

⑧ 복어 껍질이 손과 칼에 달라붙지 않도록 물을 묻혀가며 일정하게 잘라준다.

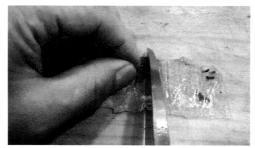

▲ 복어 껍질 자르기

⑨ 복어 껍질을 잘라 접시에 담아둔다.

▲ 복어 껍질 완성하기

⑩ 냄비에 찬물과 청주로 닦은 다시마를 넣어 한 번 끓으면 다시마를 빼내고
식혀준다.

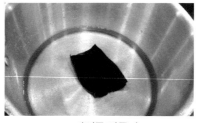 

▲ 다시물 만들기　　　　　　　　　▲ 진간장 넣기

⑪ 폰즈 소스를 만들기 위해 용기에 진간장을 부어준다.
⑫ 폰즈 소스를 만들기 위해 용기에 식초를 부어준다.
⑬ 다시물을 넣어 고루 섞어준다.

⑭ 폰즈 소스를 완성한다.

▲ 식초 넣기

▲ 다시물 넣어 고루 섞기

▲ 완성된 폰즈 소스

⑮ 실파를 깨끗이 씻어 준비한다.

⑯ 실파의 흰 부분을 잘라준다.

⑰ 실파를 잘게 썰어준다.

▲ 실파 준비하기

▲ 실파 흰 부분 자르기

▲ 실파 썰기

⑱ 찬물에 담가 실파에서 나온 진액을 씻어준다.

⑲ 마른 면포를 이용하여 물기를 제거해 준다.

⑳ 자른 실파를 용기에 가지런히 담아둔다.

▲ 실파 씻어주기

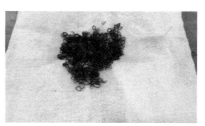
▲ 수분 제거하기

▲ 그릇에 담기

㉑ 무는 깨끗이 씻어 잘라 놓는다.

㉒ 무 껍질의 안쪽 섬유질 부분까지 제거하기 위해 칼로 돌려깎기(가쓰라무키)해 준다.

▲ 무 준비하기

▲ 무 껍질 제거하기

㉓ 섬유질이 제거된 무를 강판에 곱게 갈아준다.

㉔ 흐르는 물에 간 무(다이콩오로시)를 씻어 매운맛을 빼준다.

▲ 강판에 갈기

▲ 갈아준 무 씻기

㉕ 단풍잎 색깔로 물들이기 위해 면포에 고춧가루를 넣어 준비해 둔다.

㉖ 고춧가루가 들어 있는 면포로 갈아놓은 무를 버무리며 단풍잎 색깔을 만들
어준다[모미지오로시(紅葉下ろし)].

▲ 무 색깔 내기용 준비하기

▲ 무 색깔 내기

㉗ 빨간 고춧가루 즙이 스며든 완성된 무를 둥글고 길게 만들어준다.

▲ 완성된 빨간 무즙

㉘ 양념그릇에 담을 레몬을 준비한다.

㉙ 레몬을 반달모양으로 잘라준다.

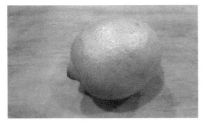
▲ 레몬 준비하기

▲ 레몬 반달모양 자르기

㉚ 양념그릇에 가지런히 담은 실파와 빨간 무즙 중간에 레몬을 올려준다.

▲ 양념 완성하기

㉛ 미나리를 깨끗이 씻고 젓가락을 사용하여 잎을 제거해 준다.

▲ 미나리잎 제거하기

㉜ 미나리의 끝부분을 제거해 준다.

㉝ 길이는 4cm 정도의 길이로 잘라 준비한다.

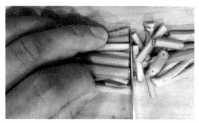 

▲ 끝부분 잘라 준비하기   ▲ 미나리 자르기

㉞ 접시에 가지런히 담아 준비한다.

▲ 미나리 접시에 담기

㉟ 미나리, 빨간 무즙, 실파, 레몬을 접시에 가지런히 담고, 초간장(폰즈)과 같이 제출하여 완성한다.

▲ 부재료와 양념 접시에 담기

복어조리기능사 실기

복어부위감별, 복어 회, 복어껍질초회, 복어죽

(1과제 : 복어부위감별 1분, 2과제 : 조리작업 55분)

시험시간 56분

지급재료

복어(700g) 1마리, 무 100g, 생표고버섯(중) 1개, 당근(곧은 것) 50g, 미나리(줄기부분) 30g, 실파(쪽파 대체 가능, 2줄기) 30g, 레몬 1/6쪽, 진간장 30㎖, 건다시마(5×10cm) 2장, 소금(정제염) 10g, 고춧가루(고운 것) 5g, 식초 30㎖, 밥(햇반 또는 찬밥) 100g, 김 1/4장, 달걀 1개

요구사항

※ 위생과 안전에 유의하고, 지급된 재료 및 시설을 이용하여 아래 작업을 완성하시오.
　(1과제 : 복어부위감별 1분, 2과제 : 조리작업 55분)

[1과제] 제시된 복어 부위별 사진을 보고 1분 이내에 부위별 명칭을 답안지의 네모칸 안에 작성하여 제출하시오.

[2과제] 소제와 제독작업을 철저히 하여 복어 회, 복어껍질초회, 복어죽을 만드시오.

㉮ 복어의 겉껍질과 속껍질을 분리하여 손질하고 가시는 제거하시오.

㉯ 회는 얇게 포를 떠 국화꽃 모양으로 돌려 담고, 지느러미·껍질·미나리를 곁들이고, 초간장(폰즈)과 양념(야쿠미)을 따로 담아내시오.

㉰ 복어껍질초회는 껍질, 미나리를 4cm 길이로 썰어 폰즈, 실파·빨간 무즙(모미지오로시)을 사용하여 무쳐내시오.

㉱ 죽은 밥을 씻어 사용하고, 살은 가늘게 채 썰거나 뼈에 붙은 살을 발라내어 사용하고, 당근·표고버섯은 다지고, 뼈와 다시마로 다시를 만들고, 달걀은 완성 전에 넣어 섞어주고, 실파와 채 썬 김을 얹어 완성하시오.

복어부위감별

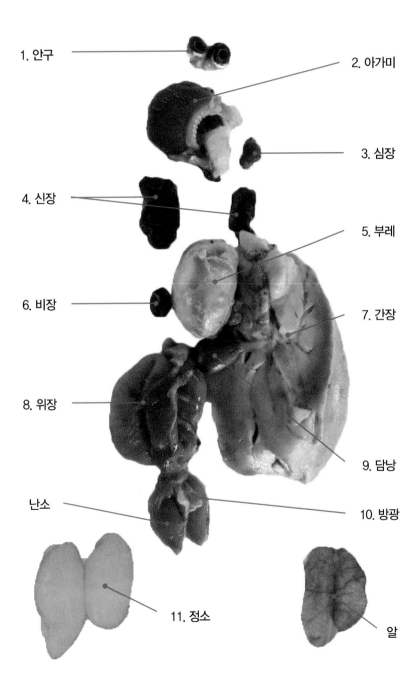

1. 안구
2. 아가미
3. 심장
4. 신장
5. 부레
6. 비장
7. 간장
8. 위장
9. 담낭
난소
10. 방광
11. 정소
알

복어 회

만드는 법

❶ 냄비에 1컵 분량의 물을 붓고 다시마를 넣고 끓여 다시물을 만든다.

❷ 다시물 1T, 간장 1T, 식초 1T를 섞어 폰즈를 만들고, 레몬은 반달썰기, 실파는 송송 썰기, 무즙에 고춧물을 들여 야쿠미를 만든다.

❸ 미나리는 4cm 정도의 길이로 썰어둔다.

❹ 복어는 주둥이를 분리하고 지느러미, 아가미, 내장, 껍질을 분리하여 지느러미로 나비를 만들고, 속껍질과 겉껍질의 가시를 제거한 뒤 껍질을 데쳐서 등껍질과 배껍질로 구분한 다음 4×0.3cm로 썰어준다.

❺ 복어 회는 길이 7cm 이상 얇게 포를 떠서 접시에 국화꽃 모양으로 돌려 담는다.

❻ 복어 회 중앙에 장미를 만들어 놓고 나비장식을 한 뒤 등껍질, 배껍질, 미나리를 가지런히 놓아 복어 회를 완성하고 폰즈와 야쿠미를 곁들여 낸다.

복어껍질초회

만드는 법

❶ 복어 껍질은 가시를 제거한 뒤 끓는 물에 데쳐 찬물에 식힌 다음 면포에 싸놓는다.

❷ 미나리는 길이 4cm 정도로 썬다.

❸ 실파는 송송 썰어 찬물에 헹군 뒤 수분을 제거한다.

❹ 무는 강판에 갈아 매운맛을 뺀 후 고춧가루 물을 들여 빨간 무즙을 만든다.

❺ 간장 1T, 다시물 1T, 식초 1T를 섞어서 폰즈를 만든다.

❻ 복어 껍질은 4cm로 썰어 놓는다.

❼ 채썬 복어 껍질, 미나리, 실파, 빨간 무즙을 섞고 폰즈로 간하여 골고루 버무린다.

❽ 그릇에 담고 레몬 껍질을 채썰어 올린다.

복어죽(조우스이)

만드는 법

❶ 냄비에 물 4컵을 붓고 다시마와 데친 복어 뼈를 넣은 뒤 끓으면 다시마를 건져내고 은근한 불에
   복어 뼈 국물을 우려낸다.

❷ 밥은 물로 충분히 헹구어 전분기(찰기)를 없앤다.

❸ 표고버섯, 당근은 다지고 복어살은 가늘게 채썬다.

❹ 실파는 얇게 채썰고, 김도 구워서 가늘게 채썬다.

❺ 냄비에 복어 다시물을 넣고 전분기 제거한 밥을 넣고 한소끔 끓으면 표고버섯과 당근을 넣는다.

❻ 밥알이 풀어져 복어죽이 다 되면 완성 전에 달걀을 풀어 섞은 뒤 바로 불을 끈다.

❼ 그릇에 죽을 담고 채썬 실파와 김을 얹는다.

복어지리냄비

지급재료

복어(700g 정도) 1마리, 무 100g, 대파(흰 부분) 1토막, 배추 2장, 생표고버섯(중) 1개, 팽이버섯 1/3봉, 두부 1/4모, 찹쌀떡(복떡) 30g, 당근(곧은 것) 50g, 미나리(줄기 부분) 30g, 실파(쪽파 대체 가능, 2줄기 정도) 30g, 쑥갓 2줄기, 레몬 1/6쪽, 진간장 15ml, 건다시마(5×10cm) 1장, 소금(정제염) 10g, 고춧가루(고운 것) 5g, 식초 15ml

만드는 법

❶ 모든 재료는 확인하고 분리하여 손질한다.

❷ 젖은 면포로 닦은 다시마는 찬물 한 컵 정도에 넣고 은근히 끓으면 다시마는 건져내고 면포로 맑게 걸러 다시마국물을 만든다.

❸ 복어는 가식 부위와 비가식 부위를 선별하며 밑손질한다.

❹ 머리는 반으로 갈라 피와 불순물을 제거하고 복어살을 발라낸 뼈는 5cm 정도의 길이로 자르고, 복어 주둥이는 반으로 갈라 소금으로 비벼 점액질을 제거해 준 후 전부 흐르는 물에 담가둔다.

❺ 대파는 어슷썰기하고, 팽이버섯은 밑동을 자른다.

❻ 표고버섯은 기둥을 제거한 뒤 별모양을 만들고, 두부는 길이 5cm의 직사각형으로 잘라준다.

❼ 당근은 매화꽃 모양, 무(일부)는 은행잎 모양을 만들어 냄비에 물과 소금을 약간 넣어 끓으면 70% 정도 삶아 찬물에 식힌다.

❽ 배추와 쑥갓(일부)도 데쳐 식힌 후 물기를 제거하여 김발 위에 배추와 쑥갓을 올리고 말아서 어슷하게 썰어준다.

❾ 복떡은 석쇠 위에 올려 노릇하게 굽는다.

❿ 불순물과 피를 완전하게 제거한 모든 뼈와 주둥이, 속껍질살 등을 끓는 물에 살짝 데쳐 얼음물에 식혀 체에 밭쳐 놓는다.

⓫ 다시 1Ts, 식초 1Ts, 진간장 1Ts을 혼합하여 폰즈를 만들어 놓는다.

⓬ 레몬은 반달모양으로 썰고, 실파는 얇게 썰어 물에 헹궈 물기를 제거해 둔다.

⓭ 무는 강판에 갈아서 고춧가루 즙과 섞어 모미지오로시를 만들어 놓는다.

⓮ 냄비에 미나리를 제외한 모든 재료를 보기 좋게 돌려 담는다.

⓯ 다시(국물) 2컵 정도를 붓고 한번 끓으면 거품을 거르고 청주 1Ts, 소금 1ts을 넣어 간을 맞추고 마지막에 미나리를 넣어 마무리한다.

⓰ 완성된 복어냄비와 폰즈, 야쿠미를 곁들여 낸다.

핵심

- 뼈와 주둥이, 속껍질살 등은 불순물과 피를 제거하여 흐르는 물에 담가둔다.
- 속껍질살은 끓는 물에 살짝 데쳐 얼음물에 식힌 후 불순물 부위를 제거해 준다.
- 복어살은 결대로 잘라야 쫄깃한 질감을 느낄 수 있다.
- 떡을 구울 때 석쇠와 달라붙는 것을 방지하기 위해 떡의 표면에 전분을 묻히고 석쇠 위에 올려 노릇하게 굽는다.
- 무는 갈아 고춧가루 즙과 섞어 모미지오로시를 만들어 놓는다.
- 폰즈와 야쿠미(모미지오로시, 레몬, 실파)를 함께 곁들여 낸다.

복어튀김

지급재료

복어(700g 정도) 1마리, 생강 15g, 레몬 1/6쪽, 파슬리 30g, 진간장 30ml, 식용유 1L, 전분 50g, 달걀 1개, 당면 20g, 한지(25cm×25cm, A4 대체 가능) 1장

만드는 법

❶ 모든 재료는 확인하고 분리한 후에 파슬리는 찬물에 담가둔다.

❷ 불순물과 피를 완전하게 제거하여 밑손질한 복어의 살을 한입 크기로 잘라둔다.

❸ 생강은 껍질을 벗겨 강판에 갈아주고, 레몬은 반달모양으로 썰어둔다.

❹ 달걀 흰자를 믹싱볼에서 거품을 내주고 전분을 조금씩 넣어 되직하게 만들어둔다.

❺ 잘라 놓은 복어에 간장과 간 생강을 묻히고 짠 후 ④에 버무려준다.

❻ 기름의 온도가 170℃ 정도가 되면 복어를 넣어 2번 튀긴 후 체에 받쳐 기름을 완전히 빼준다.

❼ 튀김기름의 온도를 180℃ 정도로 높여 당면을 튀겨낸다.

❽ 완성그릇에 모양을 내어 접은 한지를 놓고 당면을 올린다.

❾ 당면 위에 복어튀김을 올리고, 레몬과 파슬리로 장식한다.

- 뼈와 주둥이, 속껍질살 등은 불순물과 피를 제거하여 흐르는 물에 담가둔다.
- 복어살은 결대로 잘라야 쫄깃한 질감을 느낄 수 있다.
- 튀김기름의 온도가 너무 높아 타버릴 정도가 되거나 반대로 온도가 낮아 복어에 기름이 스며들어 눅눅한 튀김이 되지 않도록 기름의 온도를 잘 확인하여 불을 조절해 준다.
- 당면을 튀길 때는 기름의 온도를 180℃ 정도로 높여서 튀겨내야 한다.
- 레몬은 오른쪽 하단에 배치하여 잡기 편하게 한다.

복어껍질조림

지급재료

복어(700g 정도) 1마리, 무 50g, 미나리(줄기 부분) 30g, 생강 15g, 실파(쪽파 대체 가능, 2줄기 정도) 30g, 레몬 1/6쪽, 건다시마(5×10cm) 2장, 젤라틴 15g, 청차조기잎(시소) 2장, 청주 15ml, 소금(정제염) 10g, 고춧가루(고운 것) 5g, 미림(맛술) 15ml, 진간장 15ml, 얼음 200g

❶ 모든 재료는 확인하여 분리하고 청차조기잎(시소)은 찬물에 담가둔다.

❷ 젖은 면포로 닦은 다시마는 찬물 한 컵 정도에 넣고 은근히 끓으면 다시마는 건져내고 면포로 맑게 걸러 다시마국물을 만든다.

❸ 껍질은 겉과 속껍질로 분리한 후 속껍질은 핏줄과 점액질을 제거하여 데치고, 겉껍질은 도마에 펴서 가시부분을 제거하여 끓는 물에 데쳐 편편하게 펴서 굳힌다.

❹ 젤라틴을 물에 불려 놓는다.

❺ 생강은 얇게 저민 후 최대한 곱게 채썰어(하리쇼가) 찬물에 담가 놓는다.

❻ 실파는 얇게 썰어 물에 헹궈 물기를 제거해 둔다.

❼ 속껍질과 굳혀둔 겉껍질은 얇게 채썰어 둔다.

❽ 냄비에 다시(국물), 채썬 복어 껍질을 넣고 끓으면 은근한 불로 줄여 청주, 소금을 넣어 간을 맞추고 진간장을 약간 넣어 색을 맞춘 후 맛술(미림)을 넣고 거품을 걸러가며 좀 더 은근히 끓여준다.

❾ 채썬 생강과 실파, 젤라틴을 넣어 끓으면 얼음 중탕에서 섞어가며 식힌 후 틀에 부어 굳혀준다.

❿ 완성그릇에 청차조기잎(시소)을 올리고 복껍질 굳힘을 사각형으로 잘라 담아낸다.

핵심

- 가루젤라틴을 물에 미리 불려 놓는다.
- 겉껍질은 데친 후 편편하게 펴서 굳히고, 속껍질살은 데친 후 불순물 부위를 완전히 제거해 준다.
- 생강은 얇게 저민 후 최대한 곱게 채썰고 전분의 아린 맛을 제거하기 위해 찬물에 수회 씻어주고 물에 담가둔다.
- 냄비에 다시(국물), 채썬 복어 껍질과 양념을 넣어 끓인 후 젤라틴의 양을 잘 조절하여 넣고 굳혀준다.

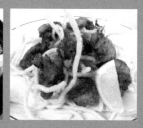

Japanese Cuisine

부록
일식조리용어

과일류와 채소류

한국어	일본어	일본어발음	한자
가지	なす	나스	茄子
감	かき	가키	柿
감자	じゃがいも	자가이모	馬鈴薯
강낭콩	さやいんげん	사야인겐	莢隱元
거봉	ぎょほう	교호	巨峰
고구마	さつまいも	사쓰마이모	薩摩芋
고사리	わらび	와라비	蕨
고추	とうがらし	도우가라시	唐辛子
고추냉이	わさび	와사비	山葵
귤	みかん	미캉	蜜柑
금귤	きんかん	깅캉	金柑
김	のり	노리	海苔
꼬마가지	こなす	고나스	子茄子
느타리버섯	ひらたけ	히라타케	平茸
다시마	こんぶ	곤부	昆布
단감	あまかき	아마카키	甘柿
단무지	たくあん	다쿠앙	澤庵
달래	のびる	노비루	野蒜
당근	にんじん	닌징	人蔘
대나무잎	ささ	사사	笹
대두	だいず	다이즈	大豆
대추	なつめ	나쓰메	棗
두릅나물	たらのめ	다라노메	楤芽
둥근 순무	かぶ	가부	蕪
등자나무	だいだい	다이다이	橙
딸기	いちご	이치고	苺
땅두릅	うど	우도	獨活
땅콩	なんきんまめ	난킨마메	南京豆
레몬	れもん	레몽	
마늘	にんにく	닌니쿠	大蒜
매실	うめ	우메	梅
머스크멜론	ますくめろん	마스쿠메론	
메밀	そば	소바	蕎麥
목이버섯	きくらげ	기쿠라게	木耳
무	たいこん	다이콩	大根
무순	かいわれ	가이와레	貝割

무화과	いちじく	이치지쿠	無花果
미나리	せり	세리	芹
밀	こむぎ	고무기	小麦
밀가루	こむぎこ	고무기코	小麦粉
박고지	かんぴょう	간표	干瓢
밤	くり	구리	栗
배	なし	나시	梨
배추	はくさい	하쿠사이	白菜
백합근	ゆりね	유리네	百合根
버섯	きのこ	기노코	茸
벚나무	さくら	사쿠라	櫻
보리	むぎ	무기	麥
복숭아	もも	모모	桃
부추	にら	니라	韮
사과	りんご	링고	檎
산마	とろろいも	도로로이모	薯蕷藷
산마	やまいも	야마이모	山芋
산초나무	さんしょう	산쇼	山椒
산초나무꽃	はなさんしょう	하나산쇼우	花山椒
상추	ちしゃ	지샤	萵苣
생강	しょうが	쇼가	生姜
생강	はじかみ	하지카미	薑
석류	ざくろ	자쿠로	石榴
셀러리	せろり	세로리	
셋잎	みつぱ	미쓰바	三葉
송이버섯	まつたけ	마쓰타케	松茸
수박	すいか	스이카	西瓜
시금치	ほうれんそう	호렌소	菠薐草
식용버섯	なめこ	나메코	滑子
실파	あさつき	아사쓰키	淺葱
쌀	こめ	고메	米
쑥	よもぎ	요모기	蓬
쑥갓	しゅんぎく	슝기쿠	春菊
아보카도	あぼかど	아보카도	
아스파라거스	あすぱらがす	아스파라가스	
양배추	キャベツ	갸베쓰	
양상추	れたす	레타스	

양송이	マッシュルム	맛슈루무	洋松栮
양파	たまねぎ	다마네기	玉葱
역	わかめ	와카메	若布
연근	れんこん	렌콩	根
염교	らっきょう	랏쿄	辣韮
오이	きゅうり	규리	胡瓜
오쿠라	オクラ	오쿠라	
완두	えんどう	엔도우	豌豆
우뭇가사리	てんぐさ	덴구사	天草
우엉	ごぼう	고보	牛蒡
유자	ゆず	유즈	柚子
유채꽃	なのはな	나노하나	菜花
은행	ぎんなん	긴낭	銀杏
인삼	にんじん	닌징	人蔘
잣	まつのみ	마쓰노미	松
장마	ながいも	나가이모	長薯
젓갈	しおから	시오카라	塩辛
죽순	たけのこ	다케노코	竹子
차조기	しそ	시소	紫蘇
차조기	あおじそ	아오지소	靑紫蘇
참기름	ごまあぶら	고마아부라	胡麻油
참외	まくわうり	마쿠와우리	眞桑瓜
청피망	あおぴまん	아오피망	靑
초귤, 영귤	すだち	스다치	酢橘
콩	まめ	마메	豆
콩	えだまめ	에다마메	枝豆
콩나물	まめもやし	마메모야시	豆萌
키위	キウィ	기위	胡桃
토란	さといも	사토이모	里芋
토마토	とまと	도마토	
파	ねぎ	네기	葱
파슬리	パセリ	파세리	
파인애플	ぱいなっぷる	파이낫푸루	
팽이버섯	えのぎたけ	에노기타케	茸
포도	ぶどう	부도	葡萄
표고버섯	しいたけ	시이타케	椎茸
풋고추	あおとうがらし	아오토가라시	靑唐辛子
피망	ピマン	피망	

한천	かんてん	간텐	寒天
호박	かほちゃ	가보차	南瓜
홍피망	あかぴまん	아카피망	赤

어패류와 갑각류

한국어	일본어	일본어발음	한자
가다랑어	かつお	가쓰오	鰹
가리비	ほたてがい	호타테가이	帆立貝
가물치	らいぎょ	라이교	雷魚
가오리	えい	에이	鱝
가자미	かれい	가레이	鰈
갈치	たちうお	다치우오	太刀漁
감성돔	ちぬ	지누	茅淳黑鯛
갑오징어	いか	이카	烏賊
개랑조개	ばかがい	바카가이	馬鹿貝
개복치	まんぼう	만보	翻車魚
갯가재	しゃこ	샤코	蝦蛄
갯장어	はも	하모	鱧
거북	かめ	가메	龜
게	かに	가니	蟹
게르치	むつ	무쓰	鮻
고급다시마	まごん	마곤	眞昆布
고둥	なし	나시	螺
고등어	さば	사바	鯖
고등어	まさば	마사바	眞鯖
고래	くじら	구지라	鯨
관자	かいばしら	가이바시라	貝柱
광어	ひらめ	히라메	平目鮃
굴	かき	가키	牡蠣
까나리	いかなご	이카나고	玉筋魚
꼴뚜기	ほたるいか	호타루이카	螢烏賊
꽁치	さんま	삼마	秋刀魚
꽃게	わたりかに	와타리카니	渡蟹
꽃새우	あまえび	아마에비	甘海老
낙지	いいたこ	이이타코	飯蛸
날개다랑어	びんなが	빈나가	長
날치	とびうお	도비우오	飛魚
날치알	とびうおのこ	도비우오노코	飛魚子
노랑가자미	ほしがれい	호시가레이	星鰈

노래미	あいなめ	아이나메	鮎並
농어	すずき	스즈키	鱸
눈다랑어	めばち	메바치	眼撥
능성어, 다금바리	はた	하타	羽太
다랑어	まぐろ	마구로	鮪
달강어	かながしら	가나가시라	金頭
닭벼슬모양 해초	とさかのり	도사카노리	鷄冠海苔
민물 송어, 산천어	やまめ	야마메	山女
대구	たら	다라	鱈
대합	はまぐり	하마구리	蛤
도다리	めいたがれい	메이타가레이	眼板鰈
도미	たい	다이	鯛
도화돔	ねんぶつだい	넨부쓰다이	念仏鯛
돌가자미	いしがれい	이시가레이	石鰈
돌고래	いるか	이루카	海豚
돌돔	いしだい	이시다이	石鯛
돗돔	いしなぎ	이시나기	石投
돛새치	ばしょうかじき	바쇼카지키	芭蕉梶木
떡조개	みるがい	미루가이	海松貝
멍게	ほや	호야	海鞘
메기	ナマズ	나마즈	鯰
멸치	かたくちいわし	가타쿠치이와시	片口鰯
명태	ぬんたい	멘타이	明太
모시조개	あさり	아사리	淺蜊
모자반	ほんだわら	혼다와라	神馬藻
문어	たこ	다코	蛸
문절망둑	はぜ	하제	鯊
문치가자미	まこがれい	마코가레이	眞子鰈
물가자미	むしがれい	무시가레이	虫鰈
물오징어	するめいか	스루메이카	烏賊
물치다랑어	そうだがつお	소다가쓰오	太鰹
미꾸라지	どじょう	도조	泥鰌
민물가재	ざりがに	자리가니	蛄
민물고기	ちだい	지다이	血鯛
민물우렁이	たにし	다니시	田螺
민물장어	うなぎ	우나기	鰻
민어	にべ	니베	鮸
바다참게	まつばかに	마쓰바카니	松葉蟹
바닷가재	いせえび	이세에비	伊勢海老

바닷장어	あなご	아나고	穴子
방어	ぶり	부리	鰤
방어의 중치	はまち	하마치	飯
밴댕이	さっぱ	삿파	魚制
뱅어	しらうお	시라우오	白魚
범복	とらふぐ	도라후구	虎河豚
벤자리	いさき	이사키	伊佐木
벵에돔	めじな	메지나	眼仁奈
별상어	ほしざめ	호시자메	星鮫
병어	まながつお	마나가쓰오	眞魚鰹
보리멸	きす	기스	鱚
복어	ふく	후쿠	河豚
볼락	そい	소이	曹以
부시리	ひらまさ	히라마사	平政
붉돔	たんすいぎょ	단스이교	淡水魚
붕어	ふな	후나	鮒
비단조개	あおやぎ	아오야기	靑柳
빙어	わかさぎ	와카사기	公魚
사백어	しろうお	시로우오	素漁
삼치	さわら	사와라	蜻
상어	さめ	사메	鮫
새우	えび	에비	海老
새조개	とりがい	도리가이	鳥貝
샛돔	いぼだい	이보다이	疣鯛
성게	うに	우니	海胆
성대	ほうぼう	호보	魴鮄
소라	さざえ	사자에	榮螺
소라고둥	つぶ	쓰부	螺
송구어	まつかさうお	마쓰카사우오	松毬魚
송어	ます	마스	鱒
숭어	ぼら	보라	鯔
쏨뱅이	かさご	가사고	笠子
쑤기미	おこぜ	오코제	虎漁
아귀	あんこう	안코우	鮟鱇
연어	さけ	사케	鮭
연어알	いくら	이쿠라	
열빙어	ししゃも	시샤모	葉漁
오분자기	とこぶし	도코부시	常節
옥돔	あまだい	아마다이	甘鯛

왕새우	たいしょうえび	다이쇼에비	大正海老
용상어	ちょうざめ	조우자메	蝶鮫
우럭	めばる	메바루	目張
은어	あゆ	아유	鮎
은어의 치어, 빙어	ひうお	히우오	氷漁
임연수어	ほっけ	홋케	延壽魚
잉어	こい	고이	鯉
자라	スッポン	슷폰	鼈
자리돔	すずめだい	스즈메다이	雀鯛
재치조개	しじみ	시지미	蜆
잿방어	かんぱち	간파치	間八
전갱이	あじ	아지	鰺
전갱이	まあじ	마아지	眞鰺
전복	あわび	아와비	鮑
전어	こはだ	고하다	小肌
정어리	いわし	이와시	鰯鰛
조기	いしもち	이시모치	石首魚
중하	しばえび	시바에비	芝蝦
쥐치	かわはぎ	가와하기	皮剝
참고래	せみくじら	세미쿠지라	背美鯨
참다랑어	ほんまぐろ	혼마구로	本鮪
참돔	まだい	마다이	眞鯛
참문어	またこ	마다코	眞蛸
참치등살	あかみ	아카미	赤身
참치뱃살	おおとろ	오도로	大
청각	みる	미루	海松
청새치	まかじき	마카지키	眞梶木
청어	にしん	니싱	鰊
청어알	かずのこ	가즈노코	數子
칠성장어	やつめうなぎ	야쓰메우나기	八目鰻
키조개	たいらがい	다이라가이	平貝
털게	けかに	게카니	毛蟹
피라미	はや	하야	鮠
피조개	あかがい	아카가이	赤貝
학꽁치	さより	사요리	細魚
한치	やりいか	야리이카	槍烏賊
함박조개	ほっきがい	홋키가이	北寄貝
해삼	なまこ	나마코	生子
해삼창자젓	このわた	고노와타	海鼠腸

해초	かいそう	가이소	海草
해파리	くらげ	구라게	海月
혀가자미	したびらめ	시타비라메	舌平目
홍송어	べにざけ	베니자케	紅鮭
홍합	いがい	이가이	貽貝
황다랑어	きはだ	기하다	黃肌
황돔	きだい	기다이	黃鯛
황새치	めかじき	메카지키	眼梶木
황어	うぐい	우구이	石斑魚

참고문헌

강송목 외, NCS를 기반으로 한 일본 요리, 지식인, 2015.

구본호, 기초일본요리, 백산출판사, 2016.

김원일, 정통복어요리, 형설출판사, 1994.

김원일, 정통일본요리, 형설출판사, 1993.

渡邊悅生編, 魚分類の鮮度と加工, 貯藏, 2002.

문승권, 저장 조건에 따른 복어육의 품질 분석을 통한 식품 안전성과 기호도에 관한 연구,
　　세종대학교 조리외식경영대학원 박사학위논문, 2011.

박병학, 기본일본요리, 형설출판사, 2009.

박성우 외, 어패류 혈액학, 도서출판대경, 2006.

설성수, 일본요리용어사전, 다형출판사, 1999.

성기협 외, 최신일본요리, 백산출판사, 2008.

식품재료사전, 한국사전연구사, 1997.

阿部孤柳 日本料理技術大系 技術資料Ⅱ, 株式會社ジャパンアート, 2001.

阿部孤柳 日本料理技術大系 技術資料Ⅲ, 株式會社ジャパンアート, 2001.

阿部孤柳 日本料理技術大系 定番料理Ⅰ, 株式會社ジャパンアート, 2001.

阿部孤柳 日本料理技術大系 定番料理Ⅱ, 株式會社ジャパンアート, 2001.

阿部孤柳 日本料理技術大系 獻立料理集, 株式會社ジャパンアート, 2001.

안선정 외, 새로운 감각으로 새로쓴 조리원리, 백산출판사, 2009.

안효주, 이것이 일본요리다, 샘터, 1998.

野本信夫, すしの技 すしの任事, 株式會社 柴田書店, 2000.

양승남 외, 일본요리입문, 서울외국서적, 2005.

NCS 학습모듈(일식기초조리실무, 복어기초조리실무, 복어맑은탕조리, 복어샤브샤브조리, 복어 회 국화모양조리), 교육부, 2018.

NCS국가직무능력표준, 한국산업인력공단, 2020.

이경혜, 수산식품가공학, 도서출판 진로, 2007.

이정기, 앙카케 소스의 제조 최적화 및 이화학적 특성, 세종대학교 조리외식경영대학원 박사 학위논문, 2012.

이한창 외, 식품미생물학, 수학사, 2000.

임홍식 외, 일식·복어 조리기능사 및 생활요리, 대왕사, 2016.

정상열 외, 최신 조리 원리, 백산출판사, 2013.

조리팀 직무교재, 그랜드 워커힐 호텔, 2000.

조영제, 생선회 10배 즐기기, 도서출판 한글, 2002.

中村幸平, 日本料理用語辭典, 설성수(역), 다형출판사, 1999.

한국식음료외식조리교육협회, 일식·복어·중식 조리기능사 실기, 백산출판사, 2019.

저자약력

이정기

* 現) 백석예술대학교 호텔조리전공 교수
* 세종대학교 조리외식경영학과 석·박사 졸업(조리학 박사)
* 신라 호텔(조리팀)
* 그랜드 워커힐 호텔(조리팀)
* 매일유업 외식사업부(조리총괄 팀장)
* 경민대학교 호텔외식조리과(교수)
* 김해대학교 호텔외식조리과(학과장)
* 경희대학교, 신한대학교, 세명대학교, 안산대학교, 호원대학교 외래교수
* 세계조리기능장(World Master Chef)
* 조리명장 1호(농림축산식품부 811호)
* 조리명인 1호(일식·복어)
* 대한민국 조리기능장
* 사케 소믈리에(NPO법인 FBO)/영양사 면허증/위생사 면허증/식육처리사 외 자격증 다수
* 조리기능장·산업기사·기능사 자격증 심사 및 출제위원
* NCS 학습모듈 편집위원
* (사)국제조리산업협회 조직위원장
* 국가대표 및 주니어 국가대표 감독
* 말레이시아 국제요리경연대회 심사위원 외 다수

수상경력

* 국제요리경연대회: 해양수산부 장관상, 문화체육관광부 장관상, 중소벤처기업부 장관상, 환경부 장관상, 식품의약품안전처 장상, 유럽조리사협회장상 외 다수
* 말레이시아국제요리대회 Black Box부문 협회장상 및 최우수지도자상 외 다수

논문 및 저서

* 호텔 레스토랑 서비스제공자의 위생관리에 관한 연구
* 앙카케(Angake) 소스의 제조 최적화 및 이화학적 특성
* 칡 전분을 첨가한 앙카케 소스의 품질 특성
* 타피오카 전분을 첨가한 앙카케 소스의 이화학적 성분 및 품질 특성 외 다수

기본 일본요리

2020년 8월 10일 초 판 1쇄 발행
2022년 1월 30일 개정판 1쇄 발행

지은이 이정기
펴낸이 진욱상
펴낸곳 (주)백산출판사
교 정 박시내
본문디자인 신화정
표지디자인 오정은

등 록 2017년 5월 29일 제406-2017-000058호
주 소 경기도 파주시 회동길 370(백산빌딩 3층)
전 화 02-914-1621(代)
팩 스 031-955-9911
이메일 edit@ibaeksan.kr
홈페이지 www.ibaeksan.kr

ISBN 979-11-6567-429-8 93590
값 23,000원